超圖解

40個開場・接話・
打破心防的問話技巧

聊不停的聰明問話術

【図解】相手に9割しゃべらせる質問術

越智真人◎著　**賴祈昌**◎譯

推薦序

好人緣，從「學會發問」開始

我常說，溝通的最高境界是：「好好的聽，好好的問，好好的講。」然而，聽比問難，問又比講難，而且會發問比會傾聽更重要，要有好人緣，從學會「發問」開始。

市面上教您如何說好話的書林林總總，卻不見大家的說話技巧進步多少，我想主因是大家都把嘴巴打開了，耳朵也就同步關上了，當每個人都能侃侃而談時，人與人之間的對立與衝突也隨即升高。**做一位能聽出弦外之音，能問出關鍵問題的人，無論在社交場合、職場工作、家庭朋友間，都會變成一位受歡迎的人。**

我在房地產任職的六年期間，尤其是在第一線工作時，常常一拿起電話就能跟客戶侃侃而談，卻不見業績提升多少，當時店長就坐在我後面，常常提醒我：「不要自己一直說，要讓客戶多說，要學會發問。」短短幾句話，就一語道破我的業績死穴。

最佳溝通模式：你提問，對方說

於是，我在店長的教導下，開始學習開放式問題與封閉式問題交叉運用的技巧，如何和客戶一面哈拉、一面談正事的「七分聊天，三分攻堅」戰術，如何延伸客戶的話題，並且學會不需自己一直講，就能讓談話無限延伸的超猛溝通技巧。學會發問，讓我在業務工作的第二年，業績突飛猛進，客戶服務品質扶搖直上，客戶推薦量也直線攀升，這全都拜「學會發問」所賜。

從事業務工作的我能學會與客戶聊不停的發問技巧，老實說全都靠土法煉鋼，而這本《聊不停的聰明問話術》，無疑是提升人際關係的最佳解藥。

從事企業教育訓練這十年來，引導過許多職場工作者自我思考、解決問題，我發現「發問」並不是亂槍打鳥，「教練技術」更不是猛給答案，**引導是一種循循善誘，讓溝通對象自我思考與啟發的技術**。摒棄表面人際關係溝通的語脈，透過聰明問話的方法，輕鬆引導溝通對象說出辛酸與過去的經驗。話匣子一旦打開後，對方總能滔滔不絕地說出他心中的想法，而擔任引導教練的我，總能非常有成就感的走出訓練教室。

想要跟誰都能聊不停嗎？想要引導對方打開話匣子，自己卻能輕鬆寫意嗎？想讓對方越說越開心嗎？想深入對方內心，探索他的真正想法嗎？我說過，這本書肯定是最佳解藥。

業務工作者、正處戀愛階段的朋友、企業界的各級主管、對青少年孩子們苦無溝通方法的父母親、正在學習簡報與談判的朋友、面試求職者……，憲哥推薦這本書，它或許會是不善言詞的您，從今以後可以輕鬆炒熱場子的「問話教科書」。

兩岸知名企管講師．商周專欄作家　**謝文憲**

Contents 目錄

Chapter 1 這樣發問，跟誰都能聊不停！

發問的10個技巧——

Chapter 2

準備5個問題，打開他的話匣子

開啟話題的10個技巧——

Chapter 3

這樣問，對方會滔滔不絕，越說越開心

讓他「再多說一點」的10個技巧——

Chapter 4

開場白、接話時機很重要！絕不能急

深入對方內心的10個技巧——

前言

學會「問話」，人脈、錢脈不請自來

最近，越來越多年輕人害怕與人聊天；雖然他們很會傳簡訊，但是需要面對面溝通時，卻會變得畏畏縮縮。尤其當對方是公司的長官、前輩，或是和自己不同層級、不同領域的人時，就不知道該說什麼話。換言之，他們因為「缺乏自信」而感到慌張。

因此，即使主管難得約你一起喝兩杯，你也會再邀別人同行，盡量避免與主管獨處。只要形成一對二、三或更多人的場合，總會有人說話，自己被動一點也無妨，既安心又保險。

不過，想在社會上打滾，如果無法「面對面溝通」，根本什麼都做不成。身為一名上班族，除了和公司內部聯絡、報告，向主管提出企劃案外，還得和客戶周旋；時常必須配合對方的臉色說話，根本由不得你拒絕。

讓對方「講不停」，才是溝通

談到「面對面溝通」，有些人的藉口是自己不善言辭，無法提出有趣的話題；但是，我們不能畫錯重點。

溝通的根本在於了解對方，重點應該放在如何讓對方「聊得開心」，而不是由我們提出有趣的話題，我們該做的是巧妙發問，促使對方說話。

只要問得好，一個問題就能得到一百句回答。就算自己再怎麼口拙，場面依舊熱絡。

此外，只要懂得發問，即使你初出茅廬，或者根本是外行人，也能和大人物或專家對談，因為回答的人是對方而不是你。只要懂得發問，無論面對誰，都能無所畏懼地交談。

説話有自信，誰都會挺你

說到媒體界，許多名嘴在電視或廣播節目上的反應十分誇張，對於某件事大呼感動，甚至快要流下熱淚；但是一進廣告後，則會伸個大懶腰，擺出「不過如此」的表情……。你能相信他們嗎？能夠對他們掏心掏肺，說出真心話嗎？

虛偽的反應總有一天會被拆穿。「溝通」的基礎在於人人平等，不以職稱或年齡等條件區分彼此。維持原本的自我，不因時間或地點改變。不管遇到任何人，都要秉持自信，也要不斷提出問題。這麼一來，從前未知的消息或前所未有的機會，都將接踵而至。

學會「溝通」，無往不利

◎ 生活中充斥「一對一溝通」的機會

報告事項

做簡報

談判

透過發問，引導對方説話

➡ 不要「拚命找話聊」，讓對方「盡情說」才是溝通。

Chapter

1

發問的10個技巧

這樣發問，跟誰都能聊不停！

技巧 01

不懂發問，你會到處碰壁

如果不懂得過濾資訊、主動發問並尋求解答，就無法保護自己。

二〇一一年三月十一日下午二點四十六分，發生了芮氏規模九的強震，同時也是日本觀測史上最大的地震——「三一一大地震」，直至今日依然讓人餘悸猶存。從那天開始，我們的價值觀徹底地改變了，而「發問」的觀念也是其中之一。

我們可以在災區聽見許多令人心痛的問題。

「我們要往哪裡逃？」

「我的家怎麼了？」

「爸媽呢？孩子呢？我的家人還活著嗎？」

「哪裡有水和食物？」

當時的人們，根本無暇顧及如何在職場叢林中生存；他們面臨的問題與生命息息相關，唯有「問對了」才能活下來，而這也是真正為了「生存」而提出的問題。日常生活中，或許有人覺得和別人說話很麻煩，即使不和他人溝通也無妨。但如果處在生死關頭，還是得和其他人往來才能活下去；而「發問」則是和人往來的技巧之一。

雖然我們沒有直接受害，但是內心也接連浮現許多問題。為什麼會發生地震？為什麼會發生核災？避難生活要持續到何時？在深夜離峰時段省電，真的有效嗎？問題原本就來自於「疑問」。**對於不斷在眼前發生的事情，要先抱持懷疑的心態，不要未經思考，就任由它左耳進、右耳出**，也不要對所有消息囫圇吞棗；無論如何，請試著努力了解，千萬別覺得「不知道也沒關係」。

越想問，越能問出「關鍵答案」

前所未見的大災難、史無前例的核能意外等……，當我們面臨未曾經歷的事情，每個人都必須懂得如何發問。否則就會漸漸覺得狀況不對勁而感到緊張、不安、恐懼，有如被集體催眠一樣，被流言和假消息擺布，並受到誤導。

地震後，「電子郵件流言」造成的問題，就是其中一個例子。一封「東京可能會封鎖進出」的郵件，使得非災區居民四處搜刮資源，造成重點災區無法獲得充足的物資；這種負面的連鎖效應甚至可能攸關人命，造成死傷。

我認為「三一一大地震」之後的時代，必須有一套自己專屬的問答集。往後如果不懂得自行過濾資訊、主動發問並尋求解答，就無法保護自己；因此，未來可說是講求「發問力」的時代。

學會「問話技巧」，才能生存

地震前 對談時採取「消極態度」也無妨！

地震後 為了活下去，必須和他人往來！

➡ 只要「敢問」，有時甚至能救你一命。

技巧 02

要有想法，別總是回答「都好」

不因旁人的意見而改變想法，「見風轉舵」會失去信任。

「推特」（Twitter）和「臉書」（Facebook）等社群媒體，在三一一大地震發生時，成為人們互相打聽消息的重要媒介。

無論是詢問災民平安與否、尋求幫助，或是詢問哪個避難所會提供飲食等，網路充斥許多瑣碎的訊息，並透過推特的「跟隨者」和臉書的「朋友」散布出去；網路迅速且即時地傳遞人們需要的資訊，扮演緊急救援的角色。正因如此，推特與臉書的使用者才會在地震後快速增加。

與人面對面溝通固然重要，但是網路確實也逐漸成為現實生活的溝通方式之一，這個趨勢已經無法改變。

網路世界最忌「說法不一」，立場不堅定

推特或臉書等社群媒體的特色，就是一律平等；無論對方或自己的地位如何，只要你敢問，就會有人回答，不分身分、年齡、性別或國籍；即使是平常很難見到的名人，也可以直接和他溝通，不會有任何阻礙。

正因如此，時常有人會在網路上留言中傷、騷擾或威脅別人，而且多半是平常根本無法親自對當事人說出口的內容。在平等交流的媒體平台，重點在於發言者必須維持「一律平等」的態度；**意即堅持說真話，不因旁人的意見或狀況，反覆改變自己的想法。**

但是，今天的想法常會與昨天的不同，心情也不一樣；此時，只要誠實寫出其

中的歷程，闡述改變想法的原因，不要因為有人反駁「這樣說不太對吧！」便立刻附和，或是覺得麻煩而一味道歉。

當有人覺得「這樣說不太對吧！」時，就要進一步詢問：「哪裡不對？」假如可以接受，則回答「原來如此」。

或者先回應「我還不太確定」或「再讓我想一下」，重點在於每分每秒都要說真心話；換句話說，一定要堅定自己的意志。

網路世界對於見風轉舵的人相當敏感，如果腰桿軟綿綿，馬上就會被打趴在地，所以必須維持「平常的自己」。

正因為一律平等，當你發文表示「這部電影真好看」的時候，別人也會直接感受到「你真的覺得很好看」。

保有「自己的想法」

✕ 被別人反駁，就立刻道歉、附和

◯ 以「真面目」示人，毫不掩飾

➡ 假話容易被看穿，「真心話」才能感動人。

技巧 03

適時表達想法，別總是「附和」

如果心中沒有一把尺，很難對事物產生疑問，只會變成應聲蟲。

地震後，我時常提醒自己，必須比過去更重視「平等」。因為我認為，失去「平常心」將會無法看清事物的本質。

三月十一日當天晚上，因為已經事先訂位，便與家人同至燒肉餐廳吃飯。當時感受的氛圍是：「像這種非常時期，怎麼還能若無其事地吃燒肉？」指責他人「缺乏同理心」的概念，形成了這種氣氛。之後，東京取消賞花大會，每年夏季必辦的「東京灣大花火祭」和「淺草三社祭」也立即宣布停辦。為了避免踩到「缺乏同理心」的地雷，社會上開始一連串約束自我的風潮。

然而我認為，眾人已經失去平常心，忘記要保持平常的自己，一如往常的生活，真的就是「缺乏同理心」嗎？

「什麼是缺乏同理心呢？」這個問題在我的心中萌芽。

眼光要放長遠，受肯定多因「做堅持的事」

當我在部落格和推特上提出：「到底什麼是『缺乏同理心』？」一個多月後，社會大眾終於對過度的「自我約束」產生疑問、提醒和反思。當初的問題終於受到肯定，令我相當欣慰。所以，我認為絕對不能改變自己的態度。

我製作節目時，也保持相同的態度。製作節目是創造「未來」的工作，但若在企劃時只預測未來的流行，一味附和時代趨勢，多半都會失敗。因為當你想附和時代潮流時，就代表你已經在後頭追趕，而無論你多拚命追，時代永遠早你一步。

但是，**如果堅持自己想做的事，不單著眼於如何才能賣座，「趨勢」也許就會跟著你跑。**時尚流行會以十幾年為週期循環，而時代趨勢也彷彿一個迴圈，繞了一大圈之後，必然會轉回來。這時候只要堅持自己平穩的單一路線，絕對能和流行趨勢產生好幾次交集。

舉個例子來說，美輪明宏先生（日本資深男藝人）多年來堅持自己的風格，也隨著時代變遷暴紅好幾次。若以時鐘來比喻，直接「停下來」，比起「不準時」更好。如果不會動，一天總有兩次可以顯示正確時間。但是不準的時鐘，即使只慢一分鐘，永遠也無法顯示正確的時間。

如果沒有骨氣堅持自己的路線，很難對事物產生疑問。自己心中沒有一把尺，無論發生什麼事，都會很容易覺得「反正就是這樣」，附和大多數人的意見。

想要培養發問的能力，必須具備「一律平等」的態度，作為穩固的基礎。

沒有主見的人，一定不懂發問

不懂發問的人　盲目追逐流行，沒有想法

很會發問的人　堅持自我，不被流行淹沒

➡ 不懂就大膽問，「複製」會降低可信度。

技巧 04

太難的問題只會搞砸氣氛，盡量別問

把自己答不出來的問題丟給對方，只會讓人抱頭苦思，陷入僵局。

「是什麼造就了你的人生觀呢？」

「你判斷事情的價值觀是什麼呢？」

有些人會提出這種問題，就像某些論文題目一樣——這正是「新手」最容易犯的錯誤，突然丟出一個大問題，讓對方不知該從何回答，陷入一片尷尬。

請仔細思考，假如自己被問到這種問題，真的能夠侃侃而談嗎？把自己答不出來的問題丟給對方，實在很沒禮貌；最後只會讓人抱頭苦思，進而陷入僵局。

另外，某些人想營造自己「很內行」、「很聰明」的形象，**刻意使用艱深的詞語，也會成為失敗的主因。**雖然可以像新聞記者一樣詢問：「經理，請問您對金融優化管制有何高見？」但若對方真的反問：「什麼是金融優化管制？」則很可能讓你措手不及，一時語塞。而常見的艱澀問題如：「關於這次升遷，以您的認知而言，將如何進行判斷的動作呢？」聽完只會讓人很想吐槽：「直接問『您覺得如何』不就好了嗎？」發問的重點在於「整體上」想問什麼，不必每個問題都一語中的，或是尖銳地直指核心。

問題越真誠，越能博得好感

「高人一等」的心理，是發問新手最容易掉入的陷阱。以我的經驗而言，抱持這種心態，多半會搞砸談話氣氛。

因為看到對方散發「高人一等」的氣息，擺明眼睛長在頭頂上，怎麼可能會想對他說出自己的情況，或是掏心掏肺呢？不但如此，還會認為對方「跩什麼」而感到十分不悅；完全無法敞開心胸，對你知無不言、言無不盡。說得極端一點，即使問題的程度讓你覺得「會不會被當成笨蛋」也沒關係。如果對方感覺「真拿你沒辦法，只好從頭解釋給你聽」，豈不相當划算？

「經理，說個題外話，小時候一定有很多女生喜歡你吧？」

「沒有啦，我以前是鄉下孩子……。」

「咦？經理您不是台北人嗎？」

「老實說我來台北打拚以後……。」

只要像這樣，把經理以前辛苦打拚的故事挖出來，你就成功了。因為重點不在別人怎麼看待你，而是你要對別人感興趣，**誠實提出想知道的問題，「真誠的態度」就是博得好感的訣竅。**

別人怎麼看你，一點也不重要

◎ 越刻意想讓自己「不一樣」，越容易失敗！

贏得好感的訣竅	用真誠的態度，誠懇提出想知道的問題，就算被當成笨蛋也無妨。

➡ 真心提出疑問，「好感度」自然提升。

技巧 05

九十%的話讓對方説，話題不斷延伸

對談時，多問好聊的話題，絕不能只問封閉式的問題。

Q：「最近看了什麼書？」

A：「村上春樹的《1Q84》。」

Q：「你喜歡什麼顏色？」

A：「紅色。」

Q：「你想變成有錢人嗎？」

A：「想。」

若像問卷調查般，只需一句話或「是」、「不是」就能回答的問題，不僅會讓對方感到厭煩，也無法帶出關鍵字，接著問下一個問題。**發問的重點是「一比九」，意即對談時，九十%的話都讓對方說。**

我推薦的發問方法是多問「開放式問題」。所謂「開放式問題」，就是不限回答方式或範圍，讓對方自由回答。例如詢問：「您是哪裡人？」對方只要回答一個地名就會結束對話，但若使用開放式問題，改問：「您一直住在台北嗎？」對方的回答就會不一樣。如果不是在台北出生，當然會回答：「不，我是〇〇人，只是從家鄉來台北工作。」這麼一來，就會出現新的關鍵字「家鄉」。

即使是出生在台北的人，也可能會釋出一些新訊息，例如：「雖然我是土生土長的台北人，但是因為父母工作的關係，也曾經住過宜蘭。」如此一來，話題就會逐漸延伸。丟出問題之後，也別忘記抓重點，並適時回應對方，藉此炒熱氣氛。

將心比心，自然能聽到「真心話」

「發問」的最高境界，在於讓對方回答時感到心曠神怡，彷彿泡澡一般。從這點來說，直接詢問對方：「這是假髮嗎？」當然不是個好問題。詢問別人年齡、學歷、收入，以及「結婚了沒」都是很失禮的。問這些問題，彷彿像在浴室安裝針孔攝影機，是對他人隱私最大的侵犯。

另外在媒體界中，某些記者會在採訪時語帶挑釁，認為「激怒對方才有話題性」。例如：「你以前不是這麼說嗎？怎麼跟現在講的不一樣？唉呦，這是怎麼一回事啊？」或是：「某某人說你不值得信任，你要反駁嗎？」故意提高水溫讓對方動怒，試圖逼出一些話。

這和八卦雜誌慣用的手法如出一轍，在你身旁繞來繞去，趁你怒叱「煩死了」的時候按下快門，這種做法實在不值得仿效。

如果對他人抱有「尊敬與了解」的態度，就不會用這種方式發問；與其激怒對方，不如博取信任，讓他「自然而然對你說出真心話」，才稱得上是良好的對談。

「開放式問題」製造聊不完的話題

✕

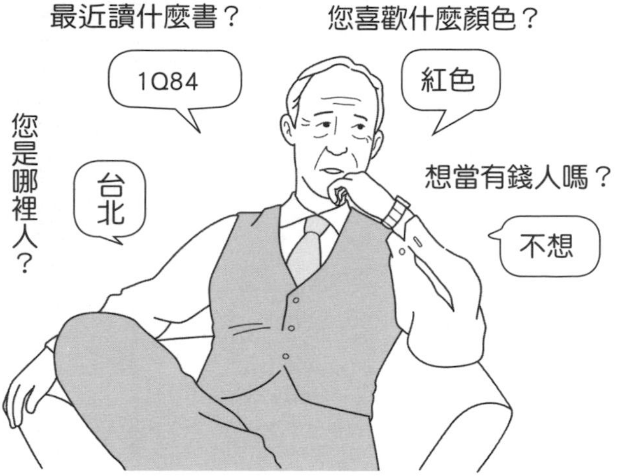
最近讀什麼書？
1Q84
您喜歡什麼顏色？
紅色
您是哪裡人？
台北
想當有錢人嗎？
不想

無法炒熱氣氛

➡ 變成「開放式的問題」後

○

您一直住在台北嗎？
我在〇〇出生，會來台北是因為……。
一開始只有幾個員工而已，然後……。

對方滔滔不絕

➡ 避開「是非題」，話題才能無限延續。

技巧 06

別收集太多資訊，避免先入為主的偏見

記住基本資料就好，太多無謂的背景知識，反而易產生偏見或誤解。

常有人問我：「我應該在談話前調查對方的背景嗎？」就我而言，或許別這樣做比較好。

假如是第一次見面，當然要事先記住對方的基本資料。但是，不必做到收集對方以前的報紙或雜誌訪談這種程度，更別透過網路搜尋對方的背景，甚至還要刻意避免這樣做。

適度收集資訊，避免產生成見

知道太多無謂的背景知識，很容易產生先入為主的想法或誤解。例如你以為某件事已經被別人問過很多次，應該不需再談；但實際上，卻可能是尚未開發的話題寶庫，根本沒人問過。

即使已經說過一百次同樣的話，被問到一百零一次時，還是有可能讓對方說出從未透露的內心話或真相。**因為過去的消息不見得完全正確**，既然有機會當面交談，如果自以為什麼都知道，豈不白白浪費大好機會？

我們原本以為「古怪」、「不愛說話」的人，實際見面後，卻發現對方十分好客又很健談，這種情形相當常見；因此見面前，不過度收集或依賴背景知識，是非常重要的。

話雖如此，拜訪事業有成的年輕老闆時，假如說出：「請問貴公司是做什麼的？」就真的會讓談話終止，請務必留意。

見面時，別過度拘泥於對方的「形象」

社會上，某些人常會被貼上標籤，認為他只有單一形象，例如傲氣的搖滾巨星、傳說中的大牌女演員、跨國企業的總經理或大富豪等。各位身邊是否也有一些形象鮮明的人呢？像是「只要生氣就會丟煙灰缸」、「頂嘴就會被解雇」、「絕對不能聊他的私生活」等，各式各式樣的人都有。

和這種人對談時，多半會擔心他突然大發雷霆，或是感到不悅，因此無法問出想知道的事。其實，這些人絕大多數都充滿深度與個人魅力，無法用「單一標籤」來形容，只是很少人有膽量問出重點；這麼一來，便很難探究對方的人格特質。

我認為，**無論和誰見面，重點在於避免過度拘泥於對方的形象。**剛開始確實需要一點勇氣，但不用太過擔心，只要抱著尊敬的態度提問，不會有人莫名其妙地生氣。假如那麼幼稚，如何成為社會上的大人物呢？

原以為脾氣古怪的人，居然說出「以前從來沒人問過呢！」或是「就希望你問這個」一時，將會無比暢快。所以，請各位一定要拋開偏見，試著挑戰看看。

收集太多資訊，反而危險

嗯嗯
請說！
請問，呃…？

收集太多資訊，會產生先入為主的偏見

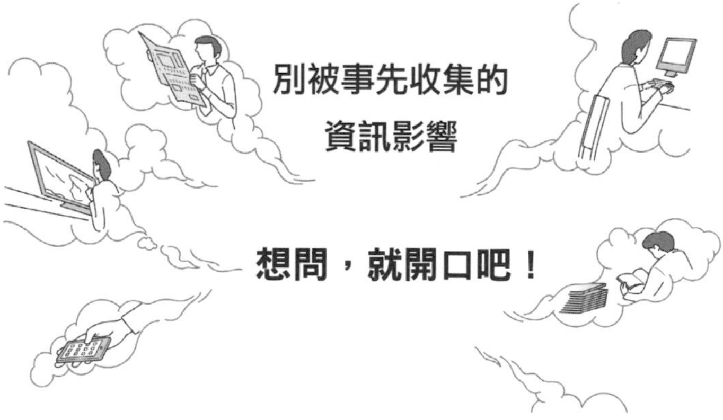

別被事先收集的資訊影響
想問，就開口吧！

➡ 發問前，拋開所有成見，問最想問的事就對了。

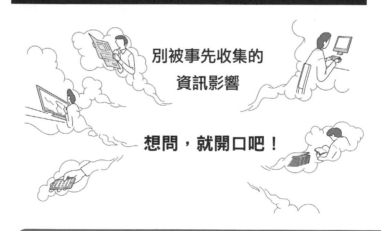

技巧 07

不在預想中的答案，能激出新話題

先想好彼此的共同點，當對方的回答不在意料中時，也能輕鬆應對。

「所以，聽說你那時候才這樣講？」

「你就是這樣想，才會做出那種事對吧？」

這種問法讓對方就算想回答，也無從說起，因為提問人已經自問自答了。若持續這種發問方式，無論問什麼，對方也會認為「都是你在講」，或是「既然你已經知道，還有什麼好問」，使得場面急速冷凍。所以請特別注意，別過度收集資訊。

另外，當我們還是新手時，常會預設「問答集」，假想自己發問之後，對方會如何回答、自己該怎麼接話——這並不值得鼓勵。因為事先預設答案，只要對方的回答稍有不同，自己就會亂了陣腳、無話可說，於是突然陷入一片沉默。換句話說，**預設的回答越多，越容易背負「無話可說」的風險。**

正因為對方的回答出乎意料，「發問」才充滿樂趣。假如對方回答的內容，完全偏離我們的預測，或者和預想的形象有一百八十度的極大差距；我們只要抱持「明天要去玩雲霄飛車」的心情，將焦慮緊張又不安的心，轉為興奮的期待即可。

找到「共同點」，就能拉近距離

如果你個性謹慎，沒有事先準備就會很不放心，建議你不妨從對方的資訊中，擷取對談的「關鍵字」。

所謂的「關鍵字」，並不是要你先把問題準備好，而是像潤滑劑一樣，用來緩和談話的氣氛。像是「偶然」的小插曲：「哎呀，經理，我也是花蓮人喔！」尋找和對方的共同點。這樣一來，場面便會開始熱絡。

「這樣啊！你住花蓮哪裡？」

「瑞穗。」

「喔喔，真是巧啊！我住玉里，說到瑞穗，那裡的鮮奶真好喝啊！還有空氣也很清新……。」

不過，「老家」的題材或許只有在距離真的很近時，才能發揮效用。假如對方問：「你住花蓮哪裡？」你回答：「秀林鄉。」即和對方老家完全不同的地方，便無法激發同鄉情誼。

相同的故鄉、老師、興趣、喜歡同一本書、有共同朋友等，最好事先找到五個左右的題材。姑且不論是否真的能用在對話裡，**共同點帶來的巧合，可以讓你覺得和對方有所「關聯」，感覺就會比較輕鬆，延續話題也會比較容易。**

準備五個「共同點」，對話不再尷尬

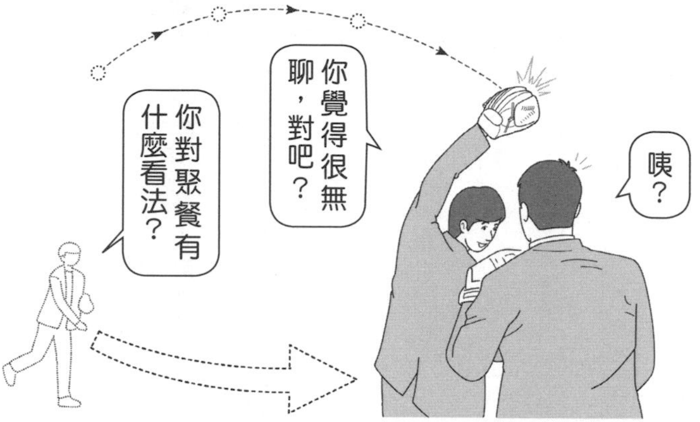

預設太多立場，對話會了無新意

事先準備 五個 和對方的共同點，
再也不用擔心冷場。

➡ 對話中加入彼此的「共同點」，就能聊不停。

技巧 08

隱藏一些本性，「第一印象」會更加分

刻意讓形象和本人有些不同，等到初次見面時，能讓對方為自己加分。

許多例子是見面前，一直覺得某人很可怕，沒想到見面後感覺卻很不錯。這招是讓自己和對方見面前的「第零印象」，與見面後的「第一印象」有所差距。其實只是「普通」或「還不錯」的程度，卻因為「第零印象」太差，讓見面後的印象分數一舉往上攀升。換句話說，流言蜚語帶來的並不是傷害，反而有加分效果。其實，**先讓「第零印象」扣到負分，就是為「第一印象」加分的訣竅。**

刻意營造負面形象，反而能為自己加分

當有人說要帶朋友來聯誼時，常會極力稱讚自己的朋友很可愛，盡量營造正面形象，其實這樣做反而會讓朋友吃虧。雖然朋友確實很可愛，但是參加聯誼的男性卻將她幻想成絕世美女，反而會很失望。

我常刻意讓自己在電視或雜誌訪談中，看起來形象不佳，因此經常有人對我說「你沒那麼可怕」或是「想不到你人還不錯」，感覺多少有些「賺到」。

在部落格或推特上，發表很冷淡的文章，也是蓄意拉低「第零印象」的方法。只要先營造冷淡的形象，實際見面時，就會覺得你比想像中親切，變成正面評價。但是，也別故意扮黑臉，還是得順其自然才行。

因此，不用在意「第零印象」如何，覺得自己「明明很熱情，別人卻以為我很孤僻」，或是「因為從事科技業，讓人以為我生活很奢侈」等；請樂觀看待，想像對方和你見面後，好感度會急速攀升。

隨時檢視「對話內容」，避免草率結束

我是完全的「結果主義者」。若以時間為橫軸，談話充實度為縱軸製作曲線圖，即對話到現在已將近一小時，都處於被打趴在地，使氣氛低迷，只要最後五分鐘能快速攻頂，就算是成功。

換句話說，**不必因為「剛才很熱絡」或是「冷場」而使心情起起伏伏。只要最後能有所收穫，即使一開始跌跌撞撞也沒關係。**

不過對談時，腦中必須時時擺著這幅虛擬線圖，也就是必須俯瞰整體的談話。例如：「只剩五分鐘，一股作氣進攻吧！」或是：「一開始的『小故事』扯得太遠，現在稍微用閒聊喘口氣吧！」

站在比對方冷靜的角度，觀察整體對話的形勢，保持俯瞰的角度，也能預防對話在「發牢騷」中意外結束。

「第零印象」差一點比較有利

第零印象
第一印象
兩者之間的差距越大，
第一印象就越好。

各種炒熱氣氛的對話型態

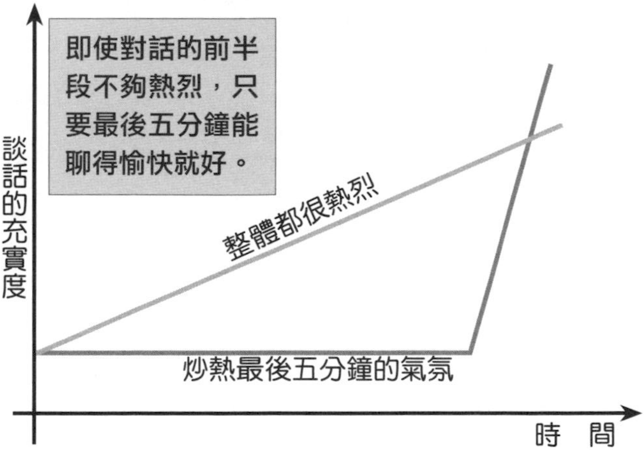
即使對話的前半段不夠熱烈，只要最後五分鐘能聊得愉快就好。
整體都很熱烈
炒熱最後五分鐘的氣氛
談話的充實度
時間

➡ 最後五分鐘要炒熱場子，讓對話順利結束。

技巧 09

誠實說出「我很緊張」，反而能放鬆

坦白表達情緒，能得到對方溫暖的關懷。

原本抱持一股衝勁準備發問，但真的站到對方面前，卻因為過度緊張而讓腦袋一片空白，甚至還隱約聽到心臟碰碰跳的聲音，根本沒有餘力提問。

我非常了解你的心情，尤其是第一次見面，或是當對方是你尊敬、崇拜的對象，任何人都會很緊張。

太追求完美，最易因緊張而失常

別看現在的我總能侃侃而談，以前的我非常容易緊張。每次參與電視或廣播演出時，手拿劇本都會發抖。甚至還因為手抖得太厲害，使得現場直播時發出紙張摩擦的雜音，實在困擾我很長一段時間。

當我思考緊張的原因，終於明白這是因為我在一小時的節目裡，想盡辦法使出十二分的力量。明明沒什麼本事，卻因為想讓別人覺得我很帥氣，充滿過度無意義的自我意識，才會緊張得不得了。只要想著：「**反正沒什麼大不了，算了，盡力就好。**」心情就會比較放鬆。重點只有一個，即「沒做到一百分也無妨」。為了掩飾緊張，不自覺擺出自滿的態度，是最差的表現。

當你被引進絢爛奪目的高級餐廳，內心緊張到極點時，假如脫口說出：「喔喔，想不到你還知道這種好店。」就會讓人覺得你「非常囂張」。

這樣一來，就會陷入惡性循環之中，讓對方採取防禦態度，不想和討厭的人談論自己，原本劍拔弩張的氣氛就會更加緊張。

緊張時，怎麼說最好？

一開始就一派輕鬆的人反而不值得信賴，因此請保持「平常心」就好。**「平常心」是指維持冷靜狀態，不讓心情的指針擺向「緊張」或「過度放鬆」。**

不過，正是因為無法讓自己「維持平常心」才會緊張。既然如此，只好接受「無法保持平常心的自己」，所以，感到緊張時，請先在開頭說這句話：「我很緊張，所以說話可能不太得體。」這麼一來，就會比較放鬆，也能得到對方溫暖的關懷。

曾經有人拜託我去大學講課，當時因為緊張，我寫在黑板上的字歪七扭八；但是當我誠實地脫口說出「糟糕，手在抖」的時候，氣氛立刻為之一變，感覺教室裡所有的人，都突然和我站在同一陣線了。

凡事不必刻意追求「完美」

◎ 克服緊張的方法

120%
100%
80%

✕ 使出 120%的力氣，當然很緊張

○ 想著差不多就好，心情會比較輕鬆

✕ 想隱藏緊張情緒，會招致失敗

○ 老實說出「我很緊張」，反而能放鬆

想、想不到……，你竟然不知道這種好店啊……。

➡ 每個人都會緊張，有缺陷才有下次的成長。

技巧10

「場面話」說太多，誠意不足

與人交談時，最忌逢迎或拍馬屁，誠實回答反而能建立好關係。

假如因為對方的頭銜而改變態度，或是為了讓自己看似高人一等而虛張聲勢，發問時便會顯得有口無心。不用心的問題會被立刻看穿，不會有人想認真回答；因為現在這個時代，再也無法憑著一流企業的名片便通行無阻、見到想見的人、問出想知道的事情。因為眾人平等的時代已經來臨。從今以後，公司或職場上的應酬方式，應該也會改變。

招待客戶的時候猛灌迷湯，無論客人說什麼，即使笑話很無趣，大家也要同聲大笑，要不然就是滿嘴場面話，這種應酬方式已經跟不上時代。

現在已非過去，與人交談時最忌滿口場面話，也別被對方的場面話所騙。因此，**建議各位別和逢迎、拍馬屁的下屬或晚輩吃飯，反而要刻意與大人物坐在一起。**

所謂「大人物」的挑選標準，就是和他相處時，自己會不自覺地正襟危坐；和這種人單獨談話所帶來的緊張感，可以促使自己成長。

滿口場面話，只會突顯你的「不真誠」

希望大家可以不要再說：「下次一起喝兩杯吧！」這種場面話。

對我而言，「時間」非常重要，講場面話就等同於「浪費」時間。所以，當我主動邀約喝酒時絕對是真心的，受到他人邀請時，也同樣會當真。

當我接受訪談工作，對方提出「請您來看下次的演唱會」或「下個月有我的戲，請您一定要來看」這樣的邀約時，我反而不會立刻一口答應「沒問題」或「當然當然」，而是先停頓一會兒再說：「嗯，還沒辦法決定呢！」

「沒辦法決定？越智哥你真無情。」

「不看一下行事曆，真的沒辦法決定啊！」

場面話說太多，會讓對方有過多期待

誠實地回答，長遠看來較能建立良好的關係。即使是場面話，既然已經表示會去，對方就會有所期待。越是期待，爽約時就會讓對方越失望，人與人的信任就會在這裡崩解。希望大家可以建構出沒有謊言、毫不虛偽而坦誠的人際關係。

即使如此，也不能擺出一副「不管是對任何人，我都不會改變自己」的態度，若是對誰都毫不客氣，當然違反溝通的原則。

別再用「場面話」當開場白！

用場面話建構的關係，毫無意義

⬇ 不如

建立「真誠的關係」

「下次一起去喝兩杯吧！」

認真的人 → 「來約時間吧！」「我得看一下行事曆才能決定。」

講場面話的人 → 「好啊！」「一定要的。」

➡ 長遠來看，「老實說」反而能建立好關係。

Column 1 多和櫃姐、店員聊天，鍛鍊「問話膽量」

不擅長與人溝通的人，常會希望整天都不用和人當面交談。平常只在超市或便利商店買東西，特殊商品則透過網路購買；這種人完全無法想像自己在傳統市場買蘿蔔時，還得跟大嬸說笑。

對於他們而言，若要他們去百貨公司買衣服，更是一項艱難的考驗；他們會散發「**別跟我說話**」的氣息，迅速找到想買的衣服，不需要試穿就立刻結帳，想盡辦法逃離當下的情況。

但是，假如平時總是過這樣的生活，臨時有突發狀況，根本無法和上司面對面討論。因此，若想鍛鍊發問的能力，就必須改變日常行為的模式。此時，我建議你刻意去百貨公司和櫃姐聊天，試著鍛鍊「一對一談話」的能力。

當你有想要購買的東西時，請全部都拜託櫃姐幫你尋找。

你不妨從「請問○○賣場在哪裡？」開始，接著再詢問「有這種款式的外套嗎？」、「有同尺寸、不同色的嗎？」、「搭配那一種襯衫比較好看呢？」總而言之，請盡量多發問。

重點在於「絕對不能自己動手」。**因為鍛鍊發問力的關鍵，就是不用自己動手，也能藉由「發問」來獲得自己想要的東西。**

剛開始你可能會扭扭捏捏，看似行跡可疑；不過請放心，這只是還未習慣，只要多練習「面對面溝通」，這些根本不足為懼。發問時，還可以為自己帶來意想不到的收穫。

假如收集太多與訪談對象相關的資訊，可能會誤以為自己什麼都知道，無形中限制了發問的廣度。

若想收集資訊，請在腦中輸入各種類型的資訊，越多元越好，**不必追求太專業的知識，只要掌握「廣而淺」的原則即可。**

好奇心，就是「話題」的來源

如果你曾經讀過某本書，覺得相當不錯，對方也可能會提到，就能為談話內容注入更多活力。就算是在電視上看過一小段足球比賽，你對於比賽的感想，也可能會為談話帶來意想不到的發展。

總而言之，無論任何事，總有一天會有所助益。因此，每天都要鍛鍊發問能力，請務必付諸實行。無論閱讀、看電影、聽音樂、上網、散步、旅行……，只要隨著好奇心行動，認真體驗生活，就是最好的資訊收集活動。

Chapter

2

開啟話題的10個技巧

準備5個問題，打開他的話匣子

技巧01

「好問題」會激發聯想，讓話題不斷

一個好問題，比說十句話更有效，還能問出意想不到的回答。

當你覺得：「今天聽到這些話，真是受用無窮。」時，才會猛然發現自己幾乎沒說什麼話。我並不是精明的記者，無法連續提出尖銳的問題，更不是幹練的刑警，不懂得如何咄咄逼人。在一、二小時的對談中，最多只提出五個普通的問題，卻能讓對方興致勃勃、滔滔不絕。

不僅如此，明明毫不費力，對方最後還稱讚：「這是我第一次把這些事情說出來呢！」

這樣問，讓他說出預想外的答案

像這種發問方式，或許有點類似「武士道」。以「合氣道」這種武術為例，不與對方的力量抗衡，反而是「四兩撥千斤」，只出一點力氣，就將對手制服。當對方伸手攻擊時，再輕輕破壞平衡，只用一根小指頭，便把對手打得落花流水。不過，這終究是我的想像，專家可能會認為「不可能這麼簡單」。

總而言之，**問題問得好，就會像合氣道一樣，以最少的力氣將對手摔得遠遠的**；而對方也料想不到自己竟會摔成這樣，因此倍感驚訝。與人對話時，以「一倍」的力量換來「十倍」的成果，這就是「省力發問術」。

若要探究理想的發問術，我的腦中便會浮現以下的形象。對方回答問題時，會從自己說的話中尋找靈感，讓腦中的話題不斷延伸，例如：「這麼說來，那時候……」或「我想起來了……」等等。

就像把小石頭丟到水中一樣，必然會在水面激起一道道漣漪。曾以《正義：一場思辨之旅》聞名於世的邁可・桑德爾教授造訪日本時，我在電視上看見他在東京大學開班授課。桑德爾教授的授課方式，稱得上是我理想中的型態。首先，教授丟出幾個問題：

「你們認為鈴木一朗的年薪很高嗎？」

「如果你的弟弟是殺人兇手，會向警方檢舉嗎？」

學生們便針對這兩個問題展開討論，提出自己的想法，或是反駁他人的意見。

於是，我看見桑德爾教授投下的石頭，形成漂亮的「漣漪」後，逐漸擴散開來。

即使是進行一對一溝通時，也要盡量達到這樣的境界。憑藉「一顆石頭」，也就是用「一個問題」，**問出對方出乎意料，並且未經矯飾的一面，聽到他至今從未展現的魅力或真心話。**這種發問術的目標是「一箭多鵰」，而不再只是「一箭雙鵰」。

用一個問題，帶出更多話題

◎ 問對問題，話題自然無限延伸

邁可・桑德爾教授的
講課方式最理想

用「好問題」帶動氣氛，讓全場話題不斷。

技巧 02

說話要客氣，最忌「拍馬屁」

訂下用字遣詞的「禮貌界線」，無論與誰交談，都能得心應手。

我之所以會提出「省力發問術」，或許是因為我對於「時間」的想法，和別人有些不同。我經常覺得「時間不夠用」，因而總是「求時若渴」。

人生在世就等同於慢慢步向死亡，因為有壽命的限制，同樣是二十四小時，若不發揮好幾倍的效益，一定會覺得「時間不夠用」。

所以我很羨慕「短睡眠者（short sleeper）」，只需較短的睡眠時間便能維持健康，也對於短時間內看完好幾本書的「速讀技巧」充滿興趣；因此，思考如何有效運用時間，已經成為我的習慣。

舉例來說，如果要被二小時的會議綁死，我會事先分配二小時的工作給員工，讓自己不在的時候，工作可以如常進行。在等電梯的七秒之間，我會打電話或傳簡訊，做可以在七秒內解決的事情。這樣一來，我便能逐漸習慣在同一時段安排二～三件事的型態，填滿自己的時間。

因為求時若渴，和別人見面時，如果只有一小時，便會想在有限的一小時內，問出分量有如二～三小時的「豐富話題」。因此，我才會希望九十%的時間都讓對方說話，而不是自己沒完沒了的說個不停。

說話要「講重點」，拍馬屁最浪費時間

在本書的前言中，我曾提到「平等」的概念，也是因為我對於時間抱持的獨特看法。為了配合對方而改變自己的口氣，實在很浪費時間。人生苦短，何必因為對

方是經理，或是年紀比自己小的朋友，就改變說話的態度呢？所以，無論是地位崇高的大老闆，或是十幾歲的偶像明星，我基本上都會抱持「尊敬」的態度。**只要訂下用字遣詞的「禮貌界線」，無論與誰交談，都能保持「平常的自我」。**不必特地改變自己的口氣，也是我節省時間的方式。

不過，對於有些人說的話，我實在不清楚他們究竟是在「發問」還是「炫耀」。

「哎呀！現在的總經理也很信任我，才會交代一大堆事，真累人啊！〇〇兄也是吧？」

這段話的前半段基本上是多餘的，像這樣高高在上、虛張聲勢的作法，就是在浪費時間；而逢迎拍馬屁，或是說場面話，也不過是「虛耗光陰」。

「發問」並不是為了展現自我或炫耀，假如把時間花在這上面，倒不如盡可能聆聽對方說話。

直接切入「重點」，避免拐彎抹角

- ✕ 裝得一副高高在上
- ✕ 問題的鋪陳過長
- ✕ 因人改變口氣

訂出一條對任何人都不失禮的界線，並堅持下去

➡ 鋪陳太多是浪費時間，對方多說才是重點。

技巧 03

想懂一個人，要大膽發問

每個問題都是一塊小拼圖，問越多，收穫會越大。

舉例來說，如果想知道某經理的真面目或為人，直接向本人問道：「請問經理您做人怎麼樣？」實在愚蠢至極。不會有任何人一五一十地娓娓道來：「我嗎？我就是○○△△的人啊！」

話說回來，很少人對於自己究竟是「怎樣的人」具有清楚的自覺。「您是怎樣的人？」應該是問題的目的或主題，而不會出現在問題的字面上，因為這對多數人而言，非常難以回答。**我們可以把具體的問題當成線索，逐步收集以達成目的。**

簡單來說，提出問題時，就像收集模型的零件一樣。

「喜歡吃什麼？」

「國中的時候最擅長什麼科目？」

「有幾個兄弟姊妹？排行老幾？」

「你將來的夢想是什麼？」

「放假的時候會做什麼？」

「什麼是你記憶中最丟臉的事？」

透過發問，收集和某經理相關的「零件」，拼湊成具體的角色；這個過程也和組裝模型一樣，需要相當的毅力。

如果無法拼湊出具體形象，或許就代表你收集的零件還不足夠。此時，請思考接下來該怎麼問，即使從感情世界方面下手，也要把零件湊齊。

每個問題都很重要，想知道就要勇敢問

我們也可以拿「拼圖」做比喻；透過問題來收集每一小片拼圖，最終便能拼起來，完成一幅圖畫。其中或許有些圖塊，令人覺得無足輕重，乍看之下毫無意義。例如「穿幾號鞋」這類的問題，對方可能不明白你為何要問。以拼圖的整體而言，應該就只是背景的一部分，沒有顏色與主要圖案。然而，即使是看似毫無意義的一小塊拼圖，只要少了一片，就無法拼出完整的圖畫。

同理可證，像是「穿幾號鞋」之類的小問題，有時候其實也是重要的關鍵。說不定其中隱藏了不為人知的故事：譬如經理的腳板小得和身體不成比例，從以前就為此感到自卑，也成為影響其個性的主因。把乍看之下毫無關聯的小拼圖拼湊在一起，甚至可能會延伸出意料之外的話題。

即使是小問題，也要給予高度的重視。即使對方覺得和主題毫無關聯而語帶訕笑，只要真心「想問」、「想知道」，就不要怕丟臉地勇敢發問。

了解一個人，先從「小問題」開始收集

Step1 收集問題

看似毫無意義的圖塊（問題），也要盡量收集。

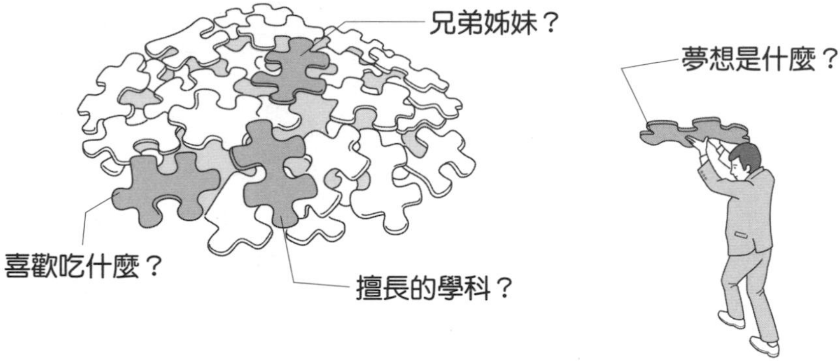

Step2 拼出故事

把散落的圖塊拼湊起來，可以知道對方不為人知的一面。

看似無關的問題，可能是「對話」的關鍵字。

技巧 04

你真心誠意的「想問」，他就會一直說

造就「好問題」的必要條件：「尊重」、「熱忱」。

許多人總是擔心提出某些問題會「很不禮貌」，或是會讓對方生氣，因此真正發問時，反而畏畏縮縮。

那麼，究竟什麼程度是「沒禮貌」，什麼程度才不算失禮呢？

遺憾的是，世界上並沒有這種「禮儀規範」。不過請放心，有一種武器可以讓你絕對不會提出失禮的問題——那就是「心懷尊重」。

只要內心深處確實尊重對方，自然不會說出傷害或揶揄對方的話語，更不必擔心哪些問題沒禮貌。

此外，與「尊重」搭配的另一個重點，**就是想要了解對方的「意願」。**你所尊敬的對象，無論是人生觀、經驗或智慧，都有超乎我們想像的深度。

準備問題要「尊重」、「將心比心」

無論怎麼發問，或許都無法探究其本質，但依舊要想辦法了解；我認為提出「好問題」的背後，便是來自於這樣的熱忱。

面對公司裡的頂頭上司，你是否先入為主地認為「反正只是聽他炫耀而已」、「問了也是白問」。

其實，人們比你想像中的更有深度。既然能在組織中爬到高層，長官一定有成功的理由。或許他有深藏不露的本事，也可能曾經克服不為人知的煩惱。

無論是什麼人，總有值得學習之處，**前提是要「問過才知道」，絕對不能小看對方。**

心態要正確，發問才能有熱忱

已故的日籍影評人淀川長治先生，曾於某次受訪時說道：「無論別人說某部電影有多差勁，我都會反覆看好幾遍，直到發現它的優點為止。」假如劇本不行，還有演員的演技、運鏡、美術、服裝等。這樣一來，無論是哪部作品，都能發現它的優點。

當淀川先生如此解說電影，即使是毫無可看之處的片子，也會令人期待：「喔喔，這部電影中有什麼值得他稱讚呢？」讓我也豁然開朗，發現了以前從未注意過的觀賞方式。

人們不也是如此嗎？並不是主管「很無聊」，而是自己缺乏足夠的熱忱去發現主管的優點。

如果你覺得對方「不過如此」，那麼，你能提出的問題也「不過如此」。**請先改變自己的心態。發問時要充滿氣勢，透過自己的問題去改變對方！**

發問時，「態度」最重要

發自內心的「尊重」

只要尊重對方，就不會講出傷害或揶揄的話語。

願意了解對方的「熱忱」

無法發現對方的優點，是因為「缺乏熱忱」。

➡ 沒有「熱忱」，絕對問不出「好問題」。

技巧 05

問對方「你討厭什麼？」能知道真實個性

反向推算，了解自己想得到什麼答案，自然會知道「該怎麼問」。

當別人向你提問時，在回答的過程中，會意外發現自己的另一面。以為早已忘記的事，其實內心還耿耿於懷，或是經由別人一問，才驚覺自己也喜歡過某某人。或許回答問題可以刺激大腦，展現出另外一面，所以連自己也驚訝不已：

「咦！原來我是這種人呀？」

話說回來，「發問」其實也有分析心理或判讀個性的作用。我們常在雜誌上看到圖表式的心理測驗，只要按照選項依序走，便可以了解自己深層的心理類型，

「發問」也有點類似這樣的過程。

如果可以引導對方發現意想不到的驚喜，例如：「我原本以為自己是充滿活力的冒險派，沒想到竟然是喜歡與人接觸的談判型。」這樣一來，身為訪談人的價值一定會大大提高。

「回答他的問題時會充滿活力。」

「他讓我發現自己的另一項才華。」

原本是我們拜託別人受訪，卻反而受到感謝，真的很有意思。

不過，因為我們不是心理諮商師，不需要一直分析對方的個性。**只不過，當你想不出來要問什麼問題時，或許可以從製作心理測驗的角度來思考。**

只要反過來推算，假如自己最終想問出對方是「某某類型」，就需要先提出怎樣的問題，自然便會知道該怎麼問。

問「你討厭什麼？」能知道他的真實個性

有時候，我會詢問對方的喜好。其實這不僅僅是提出問題而已；我曾經因為工作關係，認識了某位心理學家，他告訴我這其實是一種心理測驗。

這類問題的重點在於「討厭什麼，以及原因為何」。據說在心理學上，「討厭的事物」是人類對於自我的投射。

舉例來說，我最討厭蟑螂，原因是「蟑螂長得很噁心，又在各個角落神出鬼沒，突然竄出，實在很難捕捉」。

這個原因正是我對自己的看法；雖然心裡不太舒服，但或許正是如此。所以，**試著詢問對方討厭什麼，也可能獲得意外的訊息。**

有人討厭紅蘿蔔，有人討厭烏鴉，每個人討厭的東西都不一樣。除了可以用來當作分析對方的題材，也可以在最後破梗，告知對方這是心理測驗，藉此延伸話題。當你發問碰到瓶頸的時候，不妨運用這招，非常有效。

用「討厭的事」來了解一個人

◎ 厲害的發問人，能激發出對方的另一面

您經常負面思考。
咦？怎麼知道的？

發問時遇到瓶頸，「心理測驗」很好用

「你討厭什麼呢？」

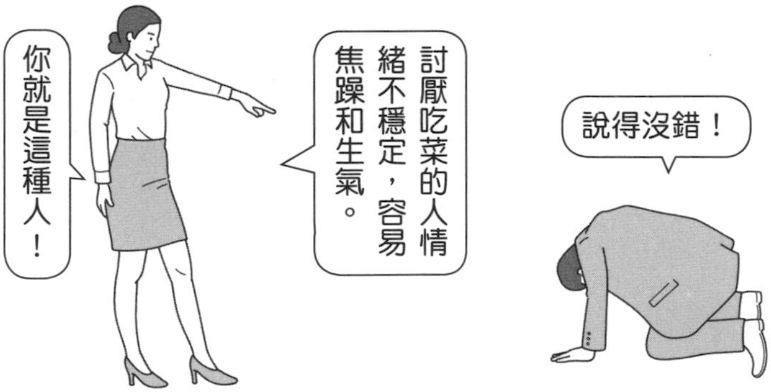
討厭吃菜的人情緒不穩定，容易焦躁和生氣。
你就是這種人！
說得沒錯！

➡ 用問題激出對方的另一面，還能炒熱氣氛。

技巧06

穿著有氣勢，能拿回問話主導權

漂亮的衣服會帶來正面影響，還能讓對方對你「另眼相看」。

穿著可以強化氣勢，讓你奪回問話的「主導權」

「穿什麼衣服出門」是攸關對談成功與否的一大重點。或許有人覺得衣著並不重要，但真的是如此嗎？

設想在某個宴會中，身旁站著一位打扮亮麗的女孩；即使她是你的好朋友，你也不免會有些緊張吧！若說這是因為女孩很漂亮才緊張，也並不完全正確；因為她的服裝與首飾顯然比平常更有品味，服裝醞釀出的氣場讓你深受震撼，彷彿不能隨意上前搭肩打招呼。**漂亮服裝帶來的正面影響，可以提振對方的精神，也能讓別人對你另眼相看。**

「喔，他好像不太一樣，我得好好回答。」

相反地，如果穿著鬆垮的衣服，一副要去附近超商的打扮，對方可能會輕視你，認為「不過如此而已」，使得對話的主導權一開始就掌握在別人手上。

如果有人腦袋靈光、人品良好，但是業績就是一直無法提升，問題可能就出在服裝與打扮差強人意。

這種想法絕不誇張，服裝給予對方的心理震撼與社會形象，就是這麼強烈。

既然和訪談對象見面的機會十分難得，豈有不用這招加分的道理？適當端莊的服裝可以避免讓對方不悅，也要盡量選擇優質、有品味、適合自己的打扮。

穿上「戰鬥服」，就是穿上「自信」、「實力」

穿著打扮不僅會給對方帶來震撼，也是刺激或鼓舞自己的開關。

有一個名詞叫「戰鬥服」，可說把這個概念形容得活靈活現。例如在求婚等「重要場合」，人們多半會穿上自己喜歡的戰鬥服，因為只要穿上它，自信與勇氣便會湧現；換句話說，「服裝」是讓自己往前邁進的開關。

就這點而言，我認為「穿著打扮等同於精神上的武裝」。正如武士穿上鎧甲、頭盔來展現鬥志，我們雖然生活在現代，也必須有套可以穿去重要場面的戰鬥服。除了衣服外，也可以透過包包、鞋子、鋼筆、眼鏡或手錶等配件來提振精神。只在單一品項砸下重金也無妨，總之，平時一定要有一項物品，讓你覺得戴在身上可以激發鬥志。

當你依照自己的風格穿著打扮，就會覺得比較有自信，便能發揮超乎尋常的實力。所以，請穿上「戰鬥服」，帶著服裝的力量，前往和對方相約的地點吧！

「盛裝」讓你更有自信、勇氣

對別人而言

「盛裝打扮」會讓
對方繃緊神經！

對自己而言

穿上「戰鬥服」會
湧現自信與勇氣，
發揮超凡的實力！

➡ 不要小看衣服，「服裝的力量」超乎想像！

技巧 07

千萬別說：「我很了解你的心情。」

無論對方多不友善，都要保持意志堅定，別因為長時間沉默而慌張。

與自己尊敬的人、崇拜對象，或是地位較高的長輩對談時，絕對不能說「我也感同身受」。因為，我們怎麼可能「真的」了解對方的感受呢？

舉例來說，肩負左右國家脈動的重責大任、領導整個公司組織，或是極富創造性的工作，眼前的人所花費的時間與精力，大到別人無法想像。如果只是聽對方說一小時，怎麼可能真的感同身受？

即使語帶讚美，**一旦說出「我也感同身受」的那瞬間，便會給人「自以為是」**

的感覺。不知道各位是否有過這樣的經驗，說出自己在心中長期醞釀的計畫時，晚輩這樣回答：「您說的我都能體會，但是根本行不通。」

令人火大對吧？總而言之，這是很敏感的問題；假如完全無法體會對方的心情，也沒辦法繼續談下去。

因此，我最常使用的方法是「縮小版」的「感同身受」。

配合對方說的主題，引用生活周遭的題材來產生共鳴。例如：「如果以我微不足道的生活經驗來說，應該像〇〇，對吧？」

雖然面向同一個方向，但是自己只是在方向的最末端「感同身受」而已。這種「縮小版」的講法，可以融化對方內心的冰山；而且，對方通常還會反過來安慰你：「哪有微不足道？都一樣啦！」

當你提出的問題，無法讓對方一語帶過，甚至可能觸怒對方時，當然會非常緊張。例如，「為什麼您會宣布退休呢？」或「為什麼會發生那起意外？」等等。

想問嚴肅的問題時，要先準備合理的說法

對方可能會立刻反問：「我憑什麼要回答你？」如果此時內心一慌而無法應答，那就不太妙了。因此，我建議各位提出嚴肅的問題時，事前必須準備好一套自己的理論，用以闡釋問題的必要性。

「因為〇〇的緣故，所以這個問題很重要。」

「這個問題的意義在於〇〇。」

事先設想合理的原因，就算真的被反問時，也會有信念可以支撐自己。只要秉持信念，無論碰到什麼場面，都能保持堅定的意志。不會因為長時間的沉默，或是對方的不悅而感到慌張。

另外，即使沒有特別表明信念，也會透過個人氣場散發出來。即使表面上看似輕描淡寫，卻也能讓對方認真起來：「喔喔，他是來真的，那我也要認真回答。」

這樣問，讓他說出「真心話」

第1招

絕對不說「感同身受」

就像從傳統手機換成智慧型手機。
這是「縮小版」的感同身受。

以「縮小版」的「感同身受」的來展現同理心

第2招

問嚴肅問題時，要有一套說法

啪
信念
理論武裝
我這樣問是有原因的。
原來如此，你真有一套。

向對方展現「認真」的態度

➡ 與前輩、上司對話時，千萬別說：「我也感同身受。」

技巧 08

對方「沉默不語」時，別再丟新問題

沒有馬上回答，可能是正努力整理思緒，或是考量怎麼說最貼近想法。

面對「沉默」要有「耐心」，而不是急著問下一題

當我們提問之後，對方卻不發一語；此時便會令人擔心對方是否在生氣？或是我們的問題太愚蠢？讓人焦躁不安，短短的一秒卻彷彿長達一分鐘。

當你終於受不了這片沉默，慌慌張張轉到下一個問題時，對方才緩緩開口。

假如過度在意自己提出的問題，很容易演變成這種狀況。難得對方誠懇地用心思考，並且準備回答，卻會因此泡湯。

若以傳接球來比喻，就像你不小心傳偏，讓對方拚命追球，此時你卻又丟出下一球；這種行為很沒禮貌。

或許有人會說：「因為我很膽小，所以害怕對話出現沉默。」但請仔細想想，害怕沉默是你的事，只不過是你自己無法忍受沉默而已，和對方無關。

如果對方也害怕這種空白，就必須設法為他解決。但實際上，我們只是為了逃避自己的恐懼而丟出下一個問題，這樣做非常自私。

這就像是傳簡訊後沒有馬上收到回覆，因而感到焦躁不安，接著又傳「你是不是討厭我呢？」從對方的角度來說，或許只是想好好考慮，隔天再回覆，你卻一臉深受打擊的樣子。

克服「沉默」的祕訣，就是徹底站在對方的角度思考。請你站在對方的角度，設想他正努力地整理思緒，或是考量怎麼說最貼近自己真正的想法。這樣一來，不管沉默多久都不是問題，也可以為了對方一直等下去。

對方的「弦外之音」，多半含有重要訊息

人類會從眼球的轉動、手的擺放或姿勢，透露出「非語言」的訊息。我們常說「要讀出文章的弦外之音」，而人類也同樣有「弦外之音」可循。

舉例來說，如果說到某個詞，便會讓他眼睛一亮，或許可以猜測那是他最想聊的話題。當坐姿放鬆之後，或許是準備進入「輕鬆模式」的徵兆，準備聊些「只和你分享」的事。如果眼神略為飄移，則是「談到這裡為止」的訊息。

很多人在成功發問後就放下心來；唸完問題後便心想「終於問出口了」話題就此結束。既未認真聽對方回答，也沒表示反應，這樣就無法和下個話題連結。

我們必須掌握受訪者的「弦外之音」，抓住瞬間零點幾秒的訊息，從一開始見面到最後，每一秒都不能大意。

面對「沉默」，請拿出「耐心」

◎ 別為了逃避沉默而連續丟出問題

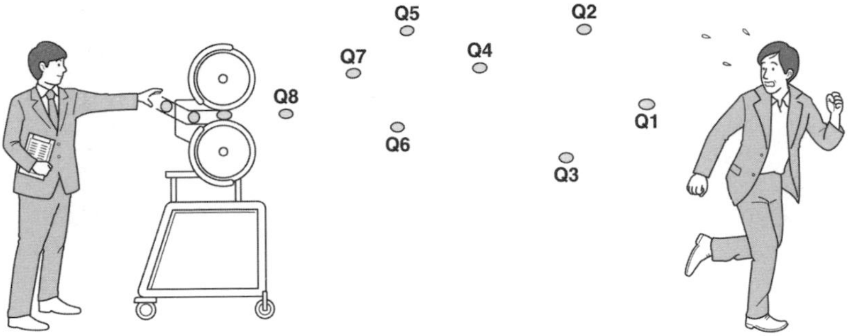

發問之後，請等待回答

◎ 從對方的舉手投足，看出「弦外之音」

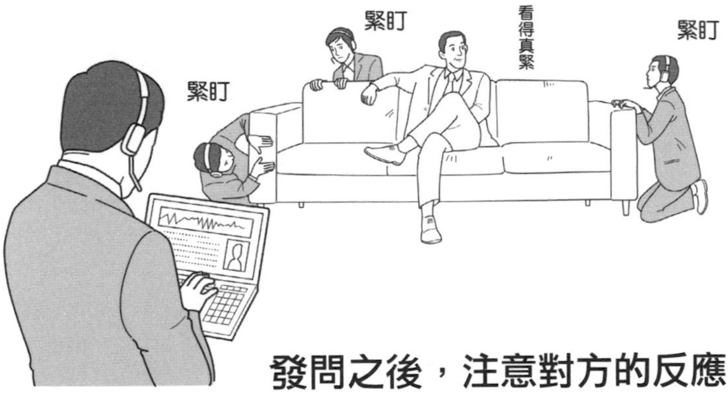

發問之後，注意對方的反應

➡ 設身處地為對方著想，別急著問下一題。

技巧 09

越親近的人際關係，話越不能亂說

無論氣氛有多熱絡，也要和交談對象保持清楚的界線，別失去分寸。

與他人溝通時，我有一套自己的「規矩」。無論氣氛有多熱絡，也要和交談對象保持清楚的界線。換句話說，一定要留意「親近生慢侮」，也就是因為關係太過親近，不小心失去分寸，變得輕薄、不尊重對方。

假如某個人進公司後，第一次和崇拜的主管單獨喝酒，相談甚歡直到深夜。他問了許多工作上的問題，也獲得各種建議。在聊天的過程中，他發現自己和主管是同鄉，甚至還讀同一所小學，可以說非常投緣。

自己：「下次到我家玩吧！」

上司：「當然好。」

他認為自己正靠著「發問術」往前邁進，度過相當滿意的時光。不過，只因為這一次相談甚歡，便自以為和主管成了哥兒們，之後不斷邀約時又喝得爛醉，淨說些公司的壞話或牢騷。即使是工作時，也覺得主管會關照自己而鬆懈，甚至連重要會議都漫不在乎地遲到，接連出了許多亂子；這就是「親近生慢侮」的緣故。

如此一來，他已經陷入「原地踏步」之中了。因為失去當初正襟危坐，想要「向楷模學習」的精神。從主管的角度來看，也不過將他當作酒肉朋友而已，不會視為交付重任的人材。

因此，我建議你在自己與對方之間，架設一座「吧台」，你可以想像成壽司店或酒吧裡的長吧台。

當你坐在吧台前，是否覺得自己和吧台對面的壽司師傅或酒保似近又遠呢？

保持一定界線，再親近都不能「有話就說」

雖然客觀距離很近，但是因為隔著吧台，所以提供服務的那方，與接受服務的那方，在精神上有條明確的界線。

正因為有這道界線，即使吧台的另一邊是熟悉的常客，依舊能帶著尊敬與用心，達到最佳的工作表現；我也期許自己能夠成為這樣的訪談人。

到目前為止，我在訪談中碰面的對象，有不少是我相當尊敬或喜愛的人；即便如此，我只是認識他們，稱不上是朋友。

這樣說看似有些自命清高，但我並不希望因為身在演藝圈，就隨便說某人是朋友，也不希望下次單獨見面時，一副什麼都懂的樣子，說道：「因為我們是朋友嘛！不必說那麼白。」同時，我也不想得寸進尺：「都是朋友了，特別跟我說嘛！」

所以，我時常會在自己的前方架設一座「精神吧台」，提醒自己別失去分寸。

不做理所當然的事，才能有質疑

在自己和對方之間，架設一座「吧台」

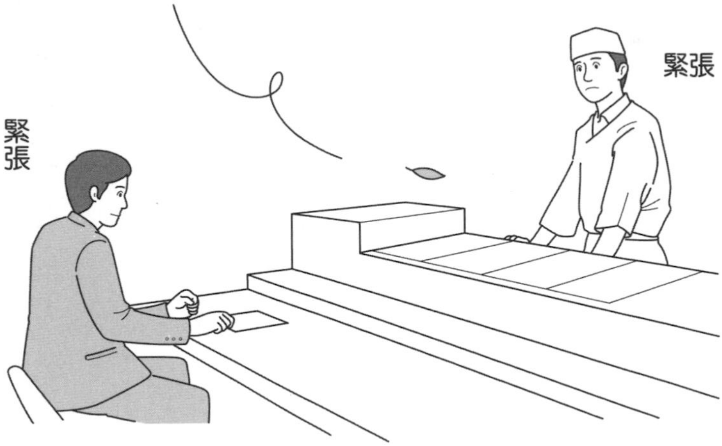

維持向他人學習的精神，最理想的距離是客觀上很接近，卻有明確的精神界線。

與對方再熟，都還是不能失分寸，給予尊重。

技巧 10

「意見」代表個性，絕不能說「我沒意見」

盲目跟著人群走，非常危險，因為你將會停止思考，讓直覺變遲鈍。

最近，社會上瀰漫一股風氣，只要大家做同樣的事就會很放心，彷彿一起闖紅燈也不足為懼。以時事為例，在三一一大地震中，流言帶來的傷害，以及人們大肆搜刮衛生紙和飲用水的主因，都是源自於這股風氣。

我們不想特立獨行、不想出錯，想和大多數人站在同一邊，因此許多人都很在意周遭的眼光，戰戰兢兢地生活。

即使是看書時也是如此，在問自己「真正想讀什麼」之前，會先按照暢銷排行榜買起。購物時也是如此，總而言之，認為挑選貨架上數量最少，看起來銷路最好的一款絕對不會錯。然而，**如果持續這麼做會非常危險，因為腦袋將停止思考**，讓與生俱來的直覺生鏽、變遲鈍。如此一來，你只會埋沒在人群之中。

不做理所當然的事，才能有質疑

正因如此，「發問的態度」才顯得如此重要。請對過去認為理所當然的事情抱持疑問，對自己至今的思考方式提出質疑。站在檢驗的角度，思考事情是否真的如此？別人為什麼說不行呢？千萬不要人云亦云。**創造問題的方法之一，就是故意不去做大家認為理所當然的事。**

例如試著刻意不去網路上一片好評的餐廳、故意停止臉書的關注、不看影評，藉此阻絕外界的資訊。

我在嘗試某件事之前，有一套自己獨創的「訊息管制方式」。如果隔天想看某部電影，在電視上看到廣告時會故意轉台。如果在網路上不小心看到別人的感想，會馬上關閉網頁。透過這種方法，培養出一套完全屬於自己的「價值觀」。心中自有一把尺後，再看看整個社會，就會對所有事情產生疑問。

「這樣真奇怪。」

「這樣不對吧？」

只要有「疑問」，便會產生「問題」，而「問題」則會帶來新的想法和創意。見解獨到或是創意無限的人，多半懷抱許多別人未曾注意到的疑問。今後的時代，絕對需要「明確的個性」，而提出「問題」，便是創造「個性」的根源。

有個性一點，別隨波逐流

如何創造「鮮明的個性」？

STEP1

阻絕多餘的媒體訊息

刻意不看網路、報章雜誌等，鍛鍊「直覺」。

STEP2

培養自己的價值觀

對於各種事情抱持疑問，有自己的看法，藉此鍛鍊創造力。

「有疑問」表示有想法，會帶來新創意。

Column 2

問題不能多，五個最剛好

我心中理想的「發問術」，就是盡量讓對方多說點話，因此，發問的次數越少越好。

如果是一小時的對談，理想的狀態是提出三～五個問題後便結束，而且要盡量避免像是問卷調查般「一問一答」的模式。

但是也不能因為這樣，就認為事前只需準備三～五個問題；你必須讓腦袋總動員，預想好幾倍的問題，正式登場時再從中精挑細選。

現在，請你做這個思考問題的運動。

設想一個你最想見到的人，思考後，寫下你想對他提出的一百個問題。

一百個問題說來簡單，但若要想出一百個問題，必須對那個人抱有相當的興趣、關注與用心。如果無法想出許多問題，就代表你或許沒有那麼渴望見到對方。

保持平常心，不過度在意別人的眼光

前文中提過的「一律平等」的概念，是我的人生指標。我絕對不會「見人說人話，見鬼說鬼話」，永遠維持堅定的自我。但是，想要保持一律平等，似乎比想像中更困難。

雖然說保持平常心就好，但是一聽見別人這麼說，反而會更不自在，更容易緊張。或許你也有過這種經驗，拍照時聽到「跟平常一樣就好」，反而會緊張起來，這是同樣的道理。

那麼，究竟該怎麼做，才能保持平常心呢？

其實，**祕訣在於「做什麼都不要過度」。發問的時候，或許因為緊張，導致過度謙虛或是過度反應。**

如果試著分析自己「過度」的行為，就會發現其中含有「想討好別人」或是希望自己「看起來聰明」等心理，希望自己可以不同於常人，有更突出的表現。

所以，我們必須時常練習，無論遇到什麼場面，都不要有「過度」的行為。

「不要過度大聲喧嘩。」

「不要笑得太過誇張。」

「不要過度生氣等等。」

這樣提醒自己，就能找回「原本的自我」。

但是，這麼做是為了「不要過度在乎他人眼光」，如果在運動或工作等需要力求表現的事情上，請一定要盡情發揮。

Chapter

3

讓他「再多説一點」的10個技巧

這樣問，對方會滔滔不絕，越説越開心

技巧 01

我提問你回答，搶回主導權

再難搞的對象，只要讓他說出「YES」後，就能奪回對談的主導權。

我在進入談話的正題前，會先簡單說明當天的主題。

例如：「今天要向總經理學習如何建立人脈，感謝您在百忙之中抽空接受訪問，接下來要麻煩您了。」

假如沒有事先說明談話的主題，很可能會一直閒聊到結束，或者從頭到尾都沒有切入核心。訂好主題之後，還要訂定「規則」。「規則」是用來挖掘深度主題的方法；以電視節目而言，或許可以說是節目企劃。雖然「企劃」聽起來有些困難，其實並非如此。

舉例來說，如果公司的前輩找你喝兩杯，因為機會難得，你很想深入了解前輩的為人。你可以在乾了第一杯之後宣示：「前輩，今天一定要跟您好好請教，向您學習人生經驗。」換言之，就是挑明「今天這攤的目的」，訂好「我提問，前輩回答」的規則。

只要先訂好規則，掌握主導權的人就是你。即使對方表示：「別這麼拘束，今天就好好喝兩杯。」準備拉你一起喝個爛醉，你還是可以自由掌控局面，表示絕對要向前輩好好請教。只要先讓對方同意你的潛規則，接下來便可以盡情發問。

問只能回答「是」的問題，搶回主導權

有些人無論面對什麼話題，總是會採取否定態度。例如：「不是這樣啦！」、「這麼說不對吧！」、「可是啊……」等；即使沒有否定，似乎也毫不關心，或是表示「我對這種事沒什麼興趣。」、「把錢花在這種事情上有什麼意思呢？」等等。

如果對方是這種人，無論下多少功夫，都無法深入聊下去；有可能使我們在短時間內被迫提出許多問題，卻只得到「NO」的回應而陷入困境，讓時間在尷尬的氣氛下結束。

這時候，我建議各位提出能夠百分之百讓所有人不得不回答「YES」的問題。像是「鈴木一朗很厲害喔！」這樣的話題，除非是特別毒舌的人，否則一般人通常都會回答：「就是說啊」、「說得沒錯」。

只要讓對方說出「YES」，就能由我方掌握主導權，拉回對談的局面，避免受到對方操控而陷入無底深淵。

當然，我們也不免會遇到「否定之王」，無論你說什麼，對方都會從中找出否定觀點。此時，請告訴自己，對方從頭到尾都無意溝通，所以，請鼓起勇氣並盡快結束對話吧！

訂好主題和規則，避免離題

訂好規則，主導權就在你手上！

主題　提出主題，表明想知道對方哪些事、想向對方學習什麼。

規則　訂出「我提問，你回答」的規則，以免被轉移話題。

➡ 快要離題時，記得用「話」把主導權拉回來。

技巧 02

用「關聯性」問法，引出答案

給對方多一點線索，便能輕鬆問出想要的答案。

我們最容易犯下的錯誤之一，就是提出的問題和原先的話題毫無關聯，例如：

「總經理，您小時候是怎樣的人呢？」

「沒怎樣啊，很普通……。」

從對方的角度來看，這個問題實在太過突然，不知道該提小時候的「哪方面」，當然不能怪對方答得不著邊際。

如果在提出這個問題之前，先聊到比爾蓋茲小時候，曾經把百科全書從頭讀到尾的事蹟，就能順勢詢問對方小時候的情況。先讓對方了解我們提問的「用意」是在於想知道他在工作上的天分，是否從孩提時期就已展露出來。

換句話說，**假如對方無法感受到話中用意，我們就無法問出想知道的事情。**

假設我們想知道對方常保青春活力的祕訣，因而詢問對方：「您到底幾歲？」有時卻會遭到誤解，以為我們覺得他在「裝年輕」；也有些人認為劈頭便詢問年齡非常失禮。因此，這種問法絕對無法獲得想要的答案。如果我們還是發問的新手，這樣問無法引導對話的走向，使得對談逐漸偏離主題，讓局面無法收拾。

此時，我建議各位運用「聯想猜謎」的方法。所謂「聯想猜謎」，就是單口相聲家在節目壓軸表演的文字遊戲。（編按：「單口相聲」為相聲的其中一種形式，由一名演員於台上表演。）

例如：「問題是〇〇，答案是△△，關聯在於兩者都是╳╳。」

給對方的線索越多，他給的答案就越完美

先讓問題結合「關聯性」，也就是先講出猜謎遊戲中的相關性。

例如：「總經理的成就和○○（套入某偉人）的孩提時代一樣，關聯在於兩位都是聰明的天才。」

運用這種講法，**先表明關聯性，明確告知總經理「您是天才」，之後再詢問他的兒時情況，對方才會配合「關聯性」回答。**進而說出：「我小時候的確熱衷各種發明……。」的答案。

雖然有時得不到好回答，難免會把責任推到對方身上，覺得「他真差勁」、「他根本不想講」等。事實上，對方之所以不肯說，通常不是他的問題，而是你發問的方式不對。只要問得好，幾乎所有人都會敞開心胸，知無不言，言無不盡。

懂發問，沒有問不到的答案

✕

您到底幾歲呢？

沒頭沒腦的詢問，對方當然不了解你的用意。

發問時，請搭配「關聯性」

○

原來他想了解我的「想法」啊！
經理，您的想法像賈伯斯一樣有創意，果然都是天才啊！

透過「關聯性」，讓對方說出滿意的好答案。

技巧 03

從「交換名片」開始發問，在細節中找問題

交換名片時仔細看看整體設計、商標、文字顏色等，都是聊天題材。

和對方第一次見面時，對話多是從「交換名片」開始。

首先是公式化的招呼：「您好，我是〇〇〇。」但是，絕不能因為還沒開始正式談話而鬆懈，我們可以從名片尋找發問的題材。

例如：「您的姓氏真少見，和您的家鄉有關嗎？」、「好大器的名字，是您的真名嗎？」等，姓名或地址充滿許多值得發問的線索。如果對方是某間公司的職員，藉由詢問公司名稱的由來，有時也能獲得各種資訊。

「請問『D計畫』的D是什麼意思呢？」

「我們老闆的英文名字叫『Danny』，『D』就是他英文名字的第一個字母。」

由此可以看出，這間公司或許是由老闆主導的獨裁體系。

另外，**名片的整體設計、商標、文字顏色等，都是可供發問的題材。**為了製造機會讓對方發問，我甚至故意把名片改成塑膠材質，藉此製造話題。因此，對話的開端往往會是：「這應該不是紙吧？」讓我與別人一見面，就營造出友善的氛圍。交換名片之後，可暫時先從閒聊暖身。

收集可閒聊的線索，套出對方的背景

另外，靜靜觀察房間的佈置，如牆上掛的畫、擺飾、時鐘、沙發、桌子或地毯等。因為接下來進入正題後，話題極可能和目前所見的事物有所關聯。

在此階段，也能觀察對方是怎樣的人。

舉例來說，不妨試著稱讚：「經理您真厲害，昨天在報紙的財經版又看到您的大名了。」如果對方只是淡淡回答「還好啦」，代表他可能不喜歡客套話或拍馬屁；如果對方還會補充說明：「前陣子還有雜誌訪問我呢！」則可以盡量稱讚對方。

也可以試著表示：「這支錶好像很貴。」如果對方明白講出具體數字：「沒有啦！才三千塊。」代表他可能不避諱談到金錢的話題。

如果對方身旁有風景照、畢業紀念冊或家人的合照，可以先問問看：「這是您老家的山嗎？」、「這該不會是台灣大學吧？」、「這是您的千金嗎？」等。如果對方回答：「就是說啊！」或「對啊！」代表他可能很樂意分享過去的回憶或私事。

這些都是輕敲對方心門的方法。這樣一來，便能大致看出對方是怎樣的人，也比較清楚該問哪些問題。

仔細看名片，從「細節」中找話題

尋找隱藏在名片中的題材

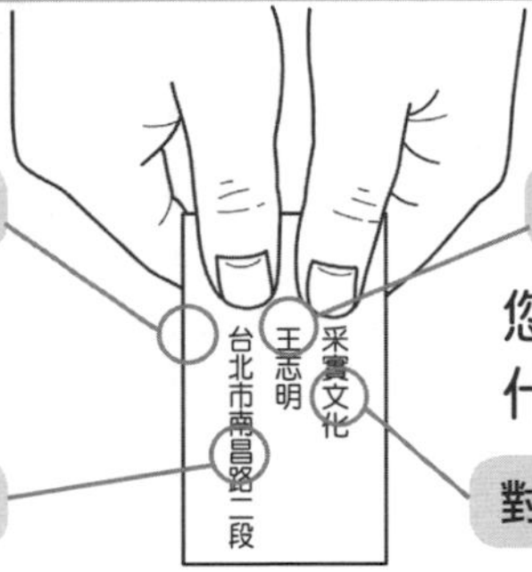

使用「特殊材質」

這是什麼材質呢？

對「名字」感興趣

您的名字好特別，有什麼由來嗎？

對「地址」感興趣

公司位於哪裡呢？

對「公司名稱」感興趣

公司名稱好大器，怎麼想到的呢？

交換名片時，尋找閒聊題材

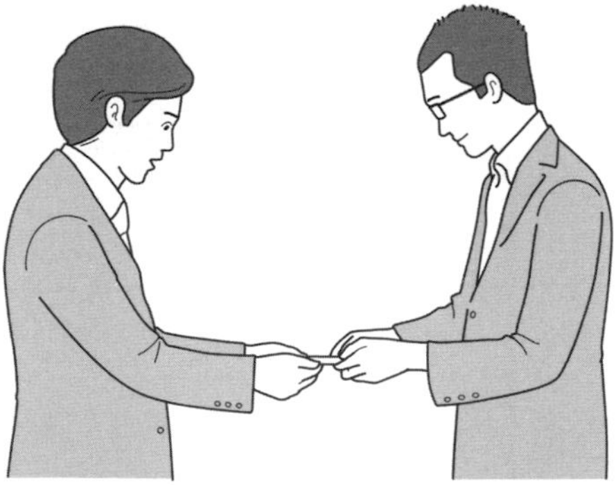

經常出現在媒體上

→我在報紙上看過您。

手錶很名貴

→手錶真好看，不便宜吧？

服裝剪裁很合身

→衣服真合身，訂做的嗎？

➡ 「旁敲側擊」，就能多了解對方。

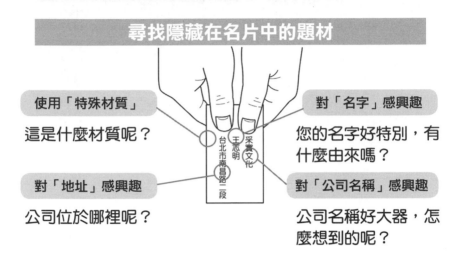

技巧 04

漂亮的總結，對方會說得更起勁

發問時先聽清楚對方說的內容，再用漂亮的總結引起他的共鳴。

無論對方說什麼，如果都只回應「是啊」、「喔」、「嗯」，別人會懷疑我們沒有聽懂而感到不安。為了表示我們了解對方的意思，必須有某種程度的積極表示。

當對方敘述一段經歷，我們可以敏銳地反應：「簡單來說就是〇〇」，簡潔歸納對方先前所說的話。甚至可以更進一步，以令人印象深刻的關鍵字下總結，而不僅止於單純的歸納。例如：

「換句話說，就是放長線釣大魚嘍？」

「換句話說，這次的策略會造成一人大崩潰呢！」

「對啊，就是你說的那樣！」

如果你總結做得很好，對方會越講越起勁。當對方覺得我們很認真傾聽，並且了解他說的話，很可能會高興地講出原本不打算說的事。甚至讓對方開始稱讚：「第一次知道自己也有這一面。」、「哎呀，跟越智哥聊天真有意思。」但事後想想，我在兩小時裡只講了五分鐘而已。但如果總結不夠準確，可能會讓對方覺得「不是這樣吧……」而退避三舍，必須一語中的才行。

養成「歸納」的習慣，鍛鍊表達能力

為了讓總結能直達人心，不妨在日常生活中練習歸納的能力。例如，當朋友問你：「我沒看上禮拜首播的那齣連續劇，現在演到哪了？」你能簡單歸納出內容，再告訴對方嗎？

「演到主角跑去追女朋友，後來他的死對頭在公司闖禍了。對了，還有拍到鎌倉的那家店喔！」如果像這樣，連枝微末節都不放過，事情就會變得很複雜，讓對方感到焦躁：「主角究竟怎樣了？」你是否也曾有過這種經驗呢？

就算沒人問你，**也建議各位看完連續劇、電影或書籍後，試著養成歸納內容的習慣。**歸納自己一天的生活，並做總結也很有趣。假如一整天都忙著處理事情，就像是「雲霄飛車狀態」；相反地，如果今天過得非常普通，則好比「門可羅雀」一般，無論你想怎麼做總結都無妨。

如果覺得自己練習歸納總結，一定會三天打漁、兩天曬網，也可以利用部落格、推特或臉書，強迫自己每天發文。無論如何，歸納的前提，在於了解並掌握事物。發問時，一定要聽清楚對方說了什麼，這是非常重要的關鍵。

漂亮的總結，對方會更有認同感

三步驟，鍛練「歸納力」

STEP 1
捷運裡的廣告

STEP 2
報紙的標題

STEP 3
在部落格分享生活

練出「精準」的歸納力

做總結是比「點頭如搗蒜」更高明的「傾聽方式」。

技巧 05

適度的「俏皮話」，可以拉近距離

只要有禮貌，輕鬆一下又何妨？讓氣氛變得輕鬆有趣。

表示驚訝的回答方式有很多種，例如：「真的嗎？」、「哎呀，太驚人了！」、「真厲害！」、「真沒想到」等。

其中，「真的假的？」這句話，短短四個字就能表達出所有驚訝的感覺，彷彿魔法一般。日常生活中，相信各位也經常這麼說。

不過，應該有人認為，在正式場合說出「真的假的？」似乎有些失禮；事實上，如果不懂拿捏，就會給人這種感覺。

此時的重點，依然是「尊敬與了解」。我也會向地位崇高的人說「真的假的？」但並不是刻意使用，而是自然地脫口而出。

前文曾提過，我期許自己能保持「一律平等」的態度。即使對方是大人物，也不用過度吹捧或謙虛。話雖如此，**對於尊敬的對象，言行舉止仍應維持一定的禮貌。**

「真的假的？」恰好符合我拿捏的分寸。

「真的假的？」的口氣聽起來有點像年輕小伙子，雖然不免讓人覺得「你真是笨蛋」，卻又不忍責備。

尤其是早已習慣眾人對自己畢恭畢敬的大人物，有時反而會覺得這樣的用語新奇有趣。

「真的假的？」

「當然啊，不會騙你的（笑）！」

如果對方也融入輕鬆淘氣的氛圍，你們一定可以相談甚歡。

除了附和外，也要表達自己的看法

發問的基礎在於「謙虛的態度」，例如：「我不懂，拜託你告訴我。」話雖如此，如果過度缺乏背景知識，只能「喔」、「啊」地點頭稱是，便無法讓對方越說越起勁，因為對方會懷疑「你真的懂嗎？」而失去說話的動力。

此時，**針對話題闡述自己的觀點便顯得相當重要**，比如透過「某某人的書上這樣寫，您認為是對的嗎？」等方式，表明自己「有做功課」，給予對方一記重拳。

換句話說，就是發出訊號，暗示對方「我完全聽得懂現在的話題」。如果對方感受到你對這方面也很了解，就會回答得很高興，連帶想要「多跟你說一些」或是「讓你大吃一驚」，然後說出許多你意想不到的事情。

不必「不懂裝懂」，也不用事先做地毯式調查，徹底運用本身所知的知識與資訊即可。重點在於發出訊號，向對方表示：「你講的話題既有趣又實用。」

巧妙應答，讓對方吐出更多祕密

◎ 表現驚訝的方式中，這句話簡單又有效。

「真的假的？」

真的假的？
多告訴你一些
讓你大吃一驚
老實地全盤托出
真的假的？
（尊敬、了解）

原來是醬呢？

嚴禁「態度輕浮」
看起來就像個笨蛋，
最後必定導致失敗。

➡ 跟「大人物」說話時，語氣輕鬆反而能聊更多。

技巧 06

這樣讚美，他會全盤托出！

無論稱讚哪一點，都要「繞圈子」，絕不能直接說。

商品之所以能藉由口耳相傳而熱賣，原因在於大眾以「聽說」的型態間接稱讚商品；和公司以廣告等方式直接宣傳相比，感覺真實多了，也比較有購買慾。

人類也是一樣，與其直接當面讚美，不如間接稱讚：「課長說你很認真喔！」聽起來是不是有真實感多了呢？如此一來，受到讚美的一方也會樂於接受，不會覺得是客套話。

舉例來說，對美女說「妳好漂亮」、對天才說「你真聰明」，他們只會覺得

「又來了」。難得讚美別人，聽起來卻像拍馬屁，甚至可能讓對方不舒服。

假設你面前有位聰明又美麗的女孩，該怎麼稱讚她呢？

「我國中時，班上也有同學像妳一樣，又漂亮又會讀書。」這種說法十分迂迴。如果直接稱讚她「真是美麗又聰明」，對方一定會謙虛地回應：「不不，沒有的事。」對話將宣告結束而毫無進展，這樣的稱讚也只是浪費時間。最好的說法是：「妳也認識我同事吧！他不斷誇妳漂亮又大方呢！」

採取間接的講法，除了可以避免讓對方感到不悅，也是一般人普遍接受的論調，不會馬上否定你的說法。有時候，對方會表示：「不過，也有辛苦的地方。」讓話題進一步延伸。

假如對方是超級大帥哥，會笑著說：「夠了吧！你有什麼目的？」讓氣氛熱絡起來。

基本上，無論稱讚對方哪一點，諸如外表、才華、財力等，都要「繞圈子」，絕不能直接說。

讚美可誇張點，誘使對方說真話

此外，我們可以對年輕的老闆「明虧暗褒」，例如：「你賺太多了吧！是要把日本買下來嗎？」像這種「明虧暗褒」的說法，有時候可以一口氣拉近距離。

這時候請特別留意，讚美時要把事情說得誇張一點；以前例而言，稱讚對方賺很多錢，可以「把日本買下來」才有效，如果只說對方可以「買下隔壁的空地」，就顯得太小家子氣，聽在對方耳裡，不過是一種「嘲諷」而已。尤其是談論「金錢」的話題，祕訣便在於提高讚美的程度，直到令人哄堂大笑的程度。

有時候「明虧暗褒」可以問出意想不到的真心話。我曾經虧一位愛車玩家，我對他說：「你有上百輛車子吧？」他卻自動把具體數字說出來：「沒有啦！大概只有二十輛。」**同樣是讚美，如果把層級拉低，便會顯得很沒禮貌。**譬如：「貧窮是你的原動力嗎？」即使你說的是事實，對方也會生氣。另外，如果對上司說：「您可以說是未來的副理吧！」意味著對方只能「升到副理而已」。如果要讓對方高興，得提高到總經理（意謂更高的職位）的層級才行。

別親口讚美，轉述第三者的話更有效

讚美技巧
第一式

間接讚美

以「聽說」的方式稱讚，較有真實感

我也這麼想
他真不錯

經理稱讚你喔！

讚美技巧
第二式

明虧暗褒

讚美時，盡量把話說得誇張一些

×
啊？
你要把隔壁的空地買下來喔？

○
沒有啦～
你要把公司買下來喔？

有技巧的讚美，讓對方願意對你敞開心胸。

技巧 07

擅長讚美的人，厲害在哪裡？

假如無法精準抓住對方「希望被讚美」的心，只會使他更失望。

聽到「真有趣」、「很好玩」、「好好吃」等有口無心的讚美，對方雖然會感到高興，但若僅止於此，有時會被當成表面的客套話。

如果想真心的讚美，可以再多加一句話，具體表達「哪裡有趣」或「為何好玩」，而不是只稱讚表面。

此時，讚美的重點在於準確掌握事物的本質。例如，對以湯頭聞名的拉麵店，你卻稱讚對方「這筍乾太棒了」，對方只會失望地想著「這不是重點」。

假如無法準確看出對方的用心、重視或努力之處，抓到「希望別人看到」、「希望別人了解」的重點，讚美就沒有意義。

讚美長輩時也要注意；即使抓到對方希望被稱讚的重點，但若說出像「真厲害啊」、「真有趣」之類的言詞，將會顯得高高在上，不夠謙虛。前輩對晚輩這麼說還無妨，但若是晚輩對前輩這樣說，就會被斥責「根本沒資格講這種話」。

所以，讚美別人時，也要注意位置與立場的差別。「挑毛病」或「批判」都很簡單，但是讚美卻比想像中更困難。因此，我建議各位平常多練習發現周遭人、事、物的「優點」。

先讚美「現況」，再提過去的成就

有些人會對上了年紀的人說：「以前一定很風流倜儻吧！」、「您年輕的時候，一定很漂亮吧！」

說者懷抱「讚美之心」，聽者卻會「滿肚子火」地心想：「那你覺得我現在怎樣？」就算事後急忙補充：「啊！現在當然也很漂亮。」也於事無補。

如果只稱讚過去的功績或暢銷作，也可能會被當成是一種諷刺。**因為人們只喜歡對方稱讚自己的「現況」，當自己的「過去」受到稱讚時，並不會特別開心。**

例如，職棒選手退休後轉當球評，你卻稱讚他：「我當初也是您的球迷，二十年前那支全壘打真厲害。」這就是過去式的讚美。

如果真的很想稱讚對方的過去，就必須先稱讚對方「現在」的表現。你可以這樣說：「有您當球評，讓比賽瞬間精彩一百倍呢！」

先肯定現在的他，接著再回溯至二十年前：「您這麼厲害，我一定要向您請教是如何達到的。」接著，再開始稱讚對方的過去。先將談話的時序，從「現在」穩定地轉移到「過去」，對方自然而然會接受你的讚美。

讚美有技巧，你得抓重點

抓住重點，具體稱讚

・「這點很有趣。」
・「這道菜很好吃。」
・「這裡很好玩。」
描述要具體，
抓住對方想被稱讚
的「重點」。

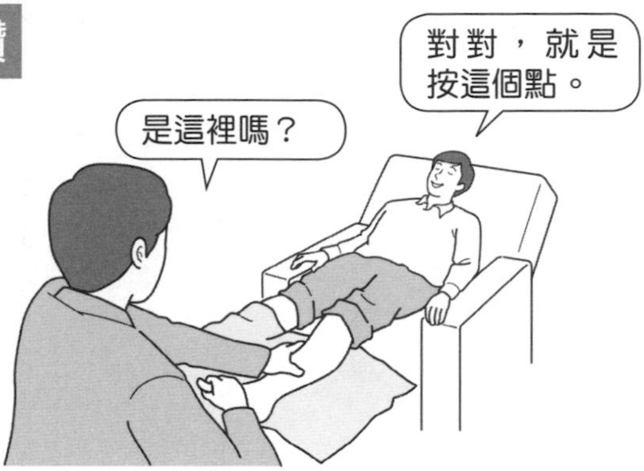

稱讚「現在」

別只稱讚過去的事蹟，先大力稱讚「現在」，再拿過去的經歷當話題。

➡ 先稱讚對方「現在的表現」，再順勢提起過去。

技巧 08

發問時，請著重於對方「現在」的表現

連結「過去的失敗」與「現在的成功」，讓對方變為「成功經驗」的主角。

經常有人問我，是否應該盡量避免詢問「負面」的問題？以結論而言，我認為「盡量問」也無妨。

疾病、負債、破產、裁員等，挫折與失敗的經驗以及克服的歷程，往往會顯示對方的個性或思維。如果想徹底了解一個人的本質，終究免不了提到這些話題。

但是，如果劈頭就問：「您養病的時候很辛苦吧？」或是「您究竟借了多少錢？」實在非常失禮。此時，正如讚美的技巧一樣，請先引導對方暢談目前的成功，接著再開始詢問過往的失敗。例如：

「您竟能一舉逆轉負債上千萬的困境，太厲害了！」

「這真是奇蹟式的生還！大難不死，必有後福。」

無論過去遭遇多嚴重的失敗，只要和現在的成功連結，就會變成光榮的事蹟。

以「現在↓過去↓現在↓未來」的順序發問

請先大致決定對話流程，就能順利丟出問題。建議各位以「現在↓過去↓現在↓未來」的順序發問。電影中經常使用這種架構，例如：

【現在】湯姆克魯斯遭到囚禁，究竟發生了什麼事？

【過去】 五天前，心愛的情人被擄走，湯姆克魯斯與邪惡組織戰鬥。
【現在】 鏡頭拉回現在，觀眾明白來龍去脈後，對湯姆克魯斯的情境產生強烈共鳴。
【未來】 上演激烈的動作戲與脫逃情節，最後終於和情人相會，邁向完美大結局。

「過去↓現在↓未來」的正常時序推移相比，該架構具有更強的戲劇張力。若將此方法運用於對話中，只要四個問題，就能跟對方聊不停，例如：

【現在】「請問，這份企劃案有什麼特色？」
【過去】「這份企劃案的創意是從哪裡來的呢？」
【現在】「原來如此，難怪會大受現在的年輕人喜愛。」
【未來】「那麼，第二波企劃是？」

該架構依然著重於「現在」，談及「過去」不過是炒熱「現在」話題的小祕訣，而未知的將來不過是空談，不必花費太多時間討論。

像「電影情節」般，這樣發問！

電影劇情		現實中的發問

主角慘遭囚禁，究竟發生什麼事？
5天前，被邪惡組織打敗，情人遭到綁架
事件開始真相大白，讓觀眾產生共鳴
上演壯烈的脫逃戲碼，並與情人相會，邁向大結局

現在：請問這份企劃的特色是是什麼？

過去：這份企劃的創意是從哪裡來的呢？

現在：原來如此，難怪廣受年輕人喜愛。

未來：第二波企劃是？

➡ 四個問題，把失敗變「光榮的過去」。

技巧 09

注意對方表情，改變發問方式

為了避免踩到「地雷」，談話時一定要仔細留意對方的表情。

有些人天生愛說話，只要提出一個問題，就算你不多說什麼，他也能滔滔不絕地說下去，完全無法控制。此時若想改變話題，並沒有想像中困難。以我至今的經驗而言，**愛說話的人多半不在乎別人「突然岔開話題」**。

請把愛講話的人當成手錶中的「電子錶」，這種人與連續顯示時間的「傳統指針式手錶」不同，換句話說，即使話題不連續也無妨。

就算原本正在聊電影，突然問他：「你喜歡吃什麼？」對方也會迅速回答：

「我嗎？喜歡吃香蕉。」縱使前後話題毫無關連，對方也不會在意。

我們也可以說「電子錶派」就像廣播節目，通常在廣播節目中，只要一句「我們來看下一張明信片……」就能改變話題，聽眾也很習慣半途岔開話題，覺得別有一番樂趣。但如果對方是「傳統錶派」，我們就不能這麼做。聊到電影才會想到藝術之秋，而說到秋天則想到美食，談到美食後，才能請教對方喜歡吃什麼。

發問時，如果每個問題之間都毫無關聯，「傳統錶派」一定會不太滿意，甚至覺得「聊天的話題怎麼可如此零散呢？」完全無法感受到暢談的樂趣。因為尚不清楚對方究竟是哪一種人，因此，我們必須隨機應變，配合對方來改變發問方式。

注意對方臉色，苗頭不對時要馬上轉移話題

例如，當我知道對方是關西人之後，就會因為想討好而順口說：「我很喜歡阪神隊呢！」在說到「我很喜歡阪神……」的時候，有些人會臉色一沉，因為關西人

不見得都是阪神隊的球迷，說不定反而會踩到地雷。此時，一旦察覺苗頭不對，可以在關鍵時刻硬是改變結尾，不妨這麼說：

「我最喜歡阪神隊……，騙你的啦！才怪呢！」

「喔，越智兄也討厭阪神隊嗎？」

「當然討厭，你不覺得他們的加油歌很沒品嗎？」

有一次，我本來打算說：「請教您有關〇〇的問題。」卻在半途臨時改為「請教您有關〇〇問題的人，也太愚蠢了吧！」有時提出問題後，看見對方不悅的表情，我會使勁全力改變問題，例如：「其實，我是聽說有人會這樣問。」

與其堅持自我，或是陷入你來我往的爭論，讓彼此痛苦不堪，不如配合對方的想法來炒熱氣氛。

碰上個性不同的人這樣回話！

電子錶派（愛說話、跳躍式思考）

❶可以輕易掌控「話題主導權」。

❷轉移話題時，不必保持關聯性。

傳統錶派（習慣照順序、按步驟）

❶難以掌控「話題主導權」。

❷當話題沒有關聯性時，會感到詫異。

➡ 記得要「隨機應變」，觀察對方表情後再回話。

技巧 10

「妳真神祕」比「今晚有空嗎？」高明多了

卸下對方心防，關鍵句是「妳真神祕」，也是間接稱讚她「充滿魅力」。

你相信嗎？就算是經濟泡沫化的時期，日本男性依然會在路上向陌生女孩搭訕。

「妳在做什麼？」

「在忙嗎？」

「要不要喝杯咖啡？」

「要不要去看海？」

他們就憑著這幾個問題，和素昧平生的女孩約會。

因此，各位也可以靠著發問術來邀請心儀的異性一起共進晚餐。當你的目標是一起搭乘電梯的女同事，你能在她抵達要去的樓層前迅速提出問題，引起對方的興趣嗎？假如你問：「今晚有空嗎？」不但無法成功邀約，還會引起她的戒心。

明明曾經在辦公室打過照面，卻讓對方不自覺地武裝自己，不願對你敞開心胸。此階段的重點，在於解除對方的第一道心防，便能從打過照面的程度再往前邁進，成為「似乎是很有趣的人」，而不是唐突的邀約。

靠著「妳真神祕」，卸下她的心防

為了卸下對方心防，關鍵句之一便是「妳真神祕」。例如，在進入電梯、四目相交的瞬間說道：「咦？妳換髮型了嗎？」

這就是向對方發出「我一直在注意妳」的訊號，所以，即使對方根本沒有換髮型也無妨。另外，也可詢問對方：「妳換手錶了嗎？」總之，要藉此抓住對話的開端。接著再詢問：「妳平常都跟誰去吃飯呢？」這是為了埋下邀約她一起吃飯的伏筆。如果對方具體說出朋友的名字，例如「我是和〇〇及〇〇一起吃飯」，便能進入邀約的最後階段。

「喔，原來是這樣，因為我覺得妳總是很神祕呢！」「神祕」這兩個字能夠表達你對她的印象是「不知道和誰有私交，看不出私下是怎樣的人」。

「神祕」就等於「高深莫測」，又等於「充滿魅力」。許多女性心中都有這道方程式，事實上，幾乎沒有女性討厭別人說自己「很神祕」。

此時，女生多半會笑著說：「哪有啦！」或是「好啦，偶爾有人這樣說！」心情變得比較好。這麼一來，她就會稍微放下對你的警戒，成功卸下第一道心防。

然後，你便能順勢問對方：「要不要和〇〇一起，我們三個一起去吃飯？晚一點我再聯絡妳。」由此可知，透過「發問」，也能巧妙引導對方的心。

用「妳真神祕」讓她開口說「好」

❶目標對象：公司女同事
❷邀約地點：電梯內
❸執行時間：抵達目的樓層前的10秒
❹關鍵字：妳真神祕

模式1 「今晚有空嗎？」無法卸下對方心防 ✕

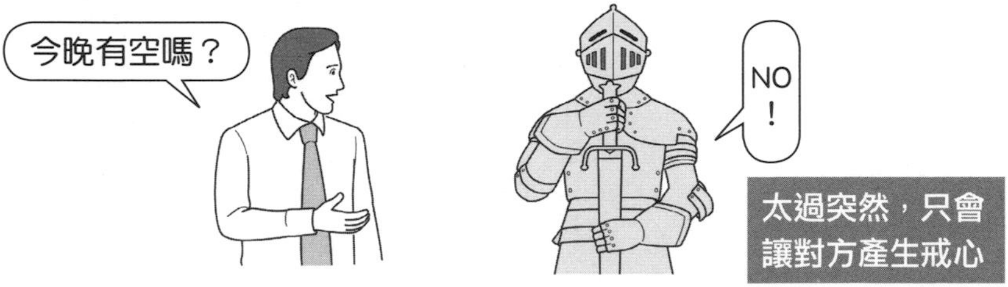
今晚有空嗎？
NO！
太過突然，只會讓對方產生戒心

模式2 藉由「妳真神祕」卸下對方心防 ○

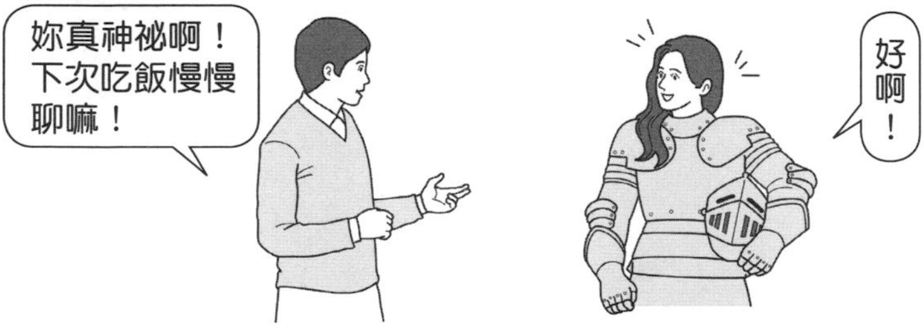
妳真神祕啊！下次吃飯慢慢聊嘛！
好啊！

➡ 女性多半這樣想：神祕＝高深莫測＝充滿魅力！

Column 3

練習「換句話說」，精簡扼要是關鍵

拚命說了一大堆話，對方的回應卻非常遲鈍，難免會讓人覺得「他真的聽得懂嗎？」而失去回答問題的興致。為了激發對方的興趣，讓他更有意願說話，我們必須掌握對方說的每一句話。

只要試著歸納，便能知道自己是否已掌握內容。前文曾提過，平時可藉由告訴朋友上週的連續劇劇情，或是同事不克出席會議，由你轉達會議內容，提升「歸納總結」的能力。

「因為大雄忘記準備文件，經理非常生氣，然後靜香也買了咖啡請大家喝。」

如同上述句子，你是否也曾經說太多無關緊要的事情，完全沒有條理，而使對方感到煩躁，對你大吼：「最後到底決定了什麼？」

不擅長彙整歸納的人，平時就應多加練習。可以拜託親朋好友，讓他們說些生活近況或電影內容，當他們說完時，你再簡要彙整一番：「你剛剛說的，換句話說就是〇〇（套入結論），對吧？」

對方想必也有各種反應，例如：「嗯，說得沒錯」或是「你完全講反了」等，藉此可以看出你的彙整能力。**在電視或廣播聽到新聞或評論時，可以試著用自己的話整理一遍。**

不能只按讚，還要留下讚美的話

之前提過可以稱讚對方，讓他龍心大悅，以便問出內心話。

不過，讚美別人看似容易，其實不然。謊言或客套話會被立刻看穿，抓不到重點的讚美說再多，也是徒勞無功。

這時候，**我建議各位利用臉書等社群網站，來進行「讚美」運動。**你可以讚美朋友、父母、同學等。任何讚美對象都可以，總之，請強迫自己每天發一次「讚美文」，當作是一種練習。

每天稱讚別人，或許會漸漸變得「無處可讚」。但是，你仍然要改變觀點或立場，從各種角度尋找切入點去稱讚。長久練習後，你就會在不知不覺間，變得相當擅長讚美別人。

另外，在推特發文有一百四十字的限制，必須在限制之下，準確抓到讚美的重點，並不容易。不過，也正因為這種「負擔」，才能帶來絕佳的效果。

Chapter

4

深入對方內心的10個技巧

開場白、接話時機很重要！絕不能急

技巧 01

營造「溫暖」情境，對方會暢所欲言

對談剛開始時，先提出能預測對方回答的問題，就能確保發問的優勢。

讓人不禁吐露真心話的極限狀態，不外乎是在大雪紛飛的山上遇難，當帳棚被風雪掩埋，裡面只剩兩個人，糧食見底又孤立無援，只剩下等死一條路。

「其實我……。」

是的，若真到了這個地步，可以聽見很多對方原本想帶進棺材裡的祕密。

然而日常生活中，我們無法營造危險情境，也不可能施以嚴刑拷打；不過，我們難道沒辦法營造如同雪山遇難，令人想「說出真心話」的情境嗎？

關於這點，我有一個想法，如果以「北風與太陽」的故事來比喻，在雪山遇難就是「北風的作法」。但是，我想使用的卻是「太陽的方式」。換句話說，**並不是考驗對方，而是讓對方感到非常溫暖而卸下心防。**

我最愛使用「泡澡」這個方法。泡澡時可以消除疲勞、舒緩身心，不但能令人卸下心防，對方也確實會因為一絲不掛而毫無防備。此時肩膀會放鬆，開始想要談天說地。換句話說，透過「發問」來營造溫暖的泡澡情境，便能讓對方龍心大悅——這是對談開始時，最重要的關鍵。

用「你喜歡自己嗎？」緩和氣氛

對談剛開始時，尚在摸索對方是怎樣的人、會說些什麼，還無法直指核心。以泡澡來說，還是不冷不熱的溫水。

此時，先提出可以預測對方回答的問題，便能確保自己在談話中的優勢。

當我需要與人對談時，最常使用的第一個問題就是：「**你喜歡自己嗎？**」

從以往的經驗來看，幾乎所有人都會回答「YES」。由於我見到的人，多半是演藝人員、政治人物、創作人或公司老闆等，他們的工作都在幕前，所以不太可能直接回答「**我討厭自己**」。

當然，「**我喜歡自己**」並不是世界上所有人的答案，不過，這至少是八十%～九十%的人的答案。

當對方回答「**喜歡**」之後，請立刻再詢問原因。

通常會得到「**我因為當時說了那些話，很為自己感到驕傲**」、「**自己那樣做很了不起**」等，對方的心情會在談話中越來越好；因為人們平常很少有機會和別人聊到自己的長處。

藉由這招溫暖對方的內心後，現場的氣氛會比較緩和，我們也不會那麼緊張，便能更輕鬆地提出下一個問題。

你的話越「溫暖」，他越沒戒心

如同「北風與太陽」的問話術

×

在受到嚴厲處罰等危機下，持續發問

○

以寬廣的心胸應對，卸下對方心防後再發問

讓對方「卸下心防」的好問題

➡ 只要先問：「你喜歡自己嗎？」對方的心情會越來越好。

技巧 02

聊「初戀」，套出他的性格本質

「戀愛」、「工作」是最易炒熱氣氛的話題，也是最物超所值的題材。

能夠卸下對方心防的另一個問題是：「請問，您的初戀對象是什麼樣的人呢？」

任何人都會不自覺地與人分享戀愛話題，而且，初戀、第一次約會、初吻及失戀這四種戀愛話題，皆屬於「過去式」。因為不是當下正在發生的事，不必擔心引發醜聞或糾紛，所以能夠暢所欲言。以我過去的經驗來說，大多數人談到這類話題的時候，會將細節說得一清二楚。

近來，電視談話節目多半會讓參加者於上台前填寫問卷，而問卷中幾乎必有這四個問題；這些話題容易炒熱氣氛，也很容易引起觀眾共鳴，令人充滿興趣。所以，對節目製作人而言，這是非常「物超所值」的題材。

尤其是「初戀經歷」，因為每個人心中都有「酸甜的回憶」。即使外表看起來是個「鐵漢」，或是身旁圍繞眾多保鏢，一談到「初戀」，都可以讓他的內心回到青春年代。

有趣的是，**這種問題乍看之下不痛不癢，卻意外地能使對方流露出性格本質。**與我對談過的人當中，曾有這樣的例子：某位男性是個不斷追逐遠大夢想，充滿野心的人，而他的戀愛對象也經常是高不可攀的「冰山美人」；即使他在少年時期，只是一個老實而低調的孩子，他的初戀卻是學校的「校花」；再對照他長大後的性格，一點也不意外。

雖然「性格」會隨著年齡增長而改變，不過「戀愛回憶」將會永遠存在，令人無法抗拒且深受吸引。我認為一個人的起點便在於此，因此，一定要好好運用「戀愛經歷」這個題材。

「工作」，最容易開啟話題的關鍵字

「請問，您甚麼時候會很慶幸自己選擇了現在的工作？什麼時候又會感到後悔呢？」

假如有人這樣問你，你一定有很多想法吧！出社會之後，人生有一大部分的時間都被工作占據；無論什麼人，都會擁有許多「工作小故事」，也許是喜悅、成就、血汗的辛酸與失敗經歷。

因此，只要聊到工作的話題，便會越說越起勁。我曾有過好幾次經驗，只要一提出這類問題，對方就獨自說個不停；有如將一顆石頭投入平靜的水面，激起好幾道漣漪一樣。

巧妙用「戀愛話題」，套出個性

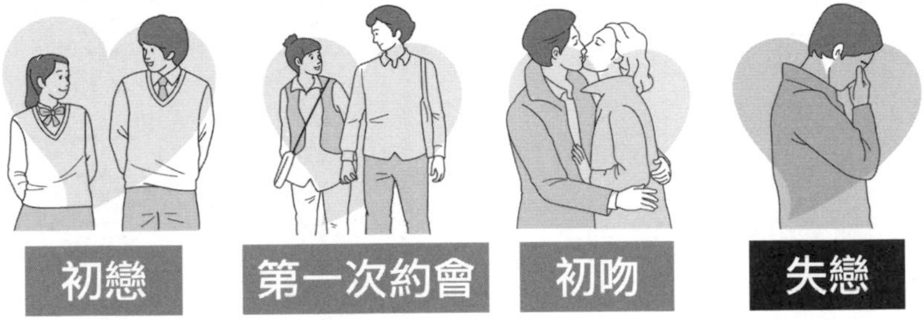
初戀
第一次約會
初吻
失戀

◎ 因為是過去的回憶，對方可以暢所欲言。

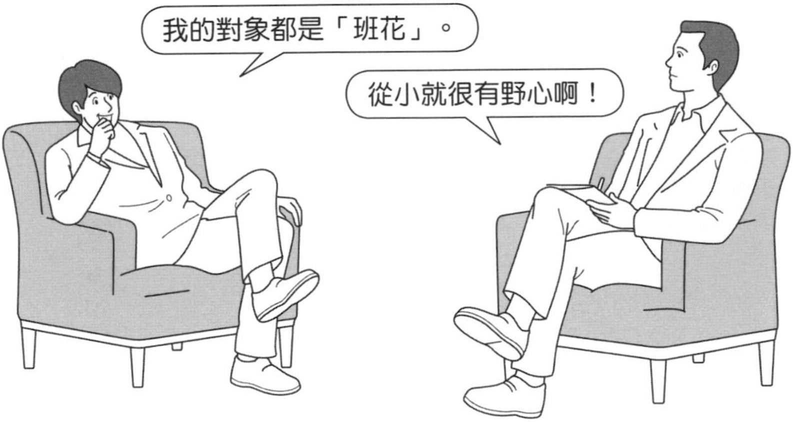
我的對象都是「班花」。
從小就很有野心啊！

➡ 聊「初戀」，是了解對方背景的好機會。

技巧 03

請先「老實說」，換取對方的信任

唯有自己先坦白，才能贏得對方的信任，放心說出心中的想法。

「老實說，到底是怎麼回事？」

就算你這樣問，對方也不可能據實以告；當對方不願坦白時，由你主動開口會比較快。

「真是的，拜託聽我說，快氣死了啦！」

這樣一來，幾乎任何人都會問你：「發生什麼事了？」此時，你便可以語帶興奮地爆料：「就是啊……。」

用一%的坦白，換對方九十九%的祕密

與朋友聊天時，說出「超慘的」、「好丟臉喔！」之後，對方也會說「我更慘呢！」產生互相較勁的意味。其實這就是一種看到對方說了，自己也想說的正常心理。因此，只要自己主動爆料，對方八成也會說出內心話：「哎呀，我了解。我也是……。」

唯有自己先坦白，才能贏得對方的信任；先讓對方覺得「你真坦白」，就會放心說出自己的事。只要打開對方心裡的鎖，接下來就能問出他的各種消息，因為「坦白的力量」十分強大。

「話說回來，您為什麼會進這間公司？」、「話說回來，這件作品的靈感從何而來？」

以「話說回來」為開頭的問題，有助於展開後續對話，非常好用。假設我被問道：「話說回來，越智哥你為什麼會走入製作人這一行？」請各位試著預測後續的問答。

Q：「話說回來，越智哥你為什麼會走入製作人這一行？」

A：「嗯～一開始是因為參加節目編劇的甄選。」

Q：「那麼，話說回來，你為什麼會去參加節目編劇的甄選？」

A：「因為我的夢想是拍電影，所以想先做有關幕後的工作。」

Q：「話說回來，你為什麼會對電影有興趣呢？」

A：「因為我十歲時，在電影院看了史蒂芬‧史匹柏導演的《大白鯊》，就愛上電影了。」

如各位所見，僅憑「話說回來」，就可以讓話題越挖越深。不但如此，對自己使用「話說回來」時，也能回顧最初的夢想和目標。「話說回來，你為什麼會開始做這行呢？」只要對別人這樣問，便能探究那個人的「核心價值觀」。

用「話說回來」開場，聊更深的話題

突然要求對方坦白，只會吃閉門羹。

老實說，究竟是
怎麼一回事？

自己主動爆料

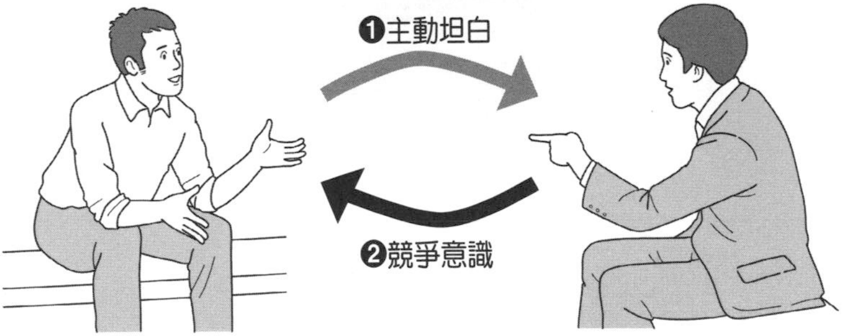
❶主動坦白
❷競爭意識

當我們先「老實說」，對方就會安心地全盤託出。

技巧 04

從對方的話中尋找「關鍵字」

一開始說出口的事情，常隱藏重要關鍵字，多和「不能說的祕密」有關。

如果以音樂來比喻「面對面談話」，有點類似爵士樂的即興對奏。事先準備的問題就像樂譜，即使起初按照樂譜彈奏，當玩興一起，便隨著對方的演奏與步調，展開即興對奏。重點完全在於當場的氣氛，而不是按照樂譜的順序，逐條列出問題。

「聽您剛剛那樣說，讓我想起一件往事。」

「說個題外話，就是啊……。」

當對方這麼說時，也不要抗拒，請讓對方暢所欲言；然而，**也別忘記再次回到樂譜，以免太過離題。**為了避免出現「咦？我們剛剛在談什麼？」的場面，必須冷靜記住樂譜的主題。當你打算重回樂譜時，重點在於若無其事地引導對方。

「如果把您剛剛說的套用在〇〇（套入剛才的主題）上會怎樣呢？」以拔蘿蔔的方式，帶出一連串關鍵字，構成一篇故事，就是對談的極致境界。

仔細聽，問題的靈感來自對方說的話

為了使對話的「即興對奏」成功，一定要迅速從對方說話的內容中找到關鍵字，藉此連接下個話題，雖然這並不容易。對方口中難得說出好幾次關鍵字，簡直就像是對你說：「這裡、這裡啦！繼續延伸這個話題嘛！」你卻當作耳邊風，覺得與主題無關便視若無睹。

順帶一提，「詐騙集團」絕對不會犯下這種錯誤。他們會用盡全身上下每一個細胞，仔細聆聽對方說的話；因為他們知道其中的訊息可以用來騙你，而受騙的人事後才驚覺，原來提供「關鍵字」的人是自己，心中不禁大喊：「糟糕，被擺了一道！」仔細想想，他們可是延續話題的高手。

我們當然不能行騙，不過「詐騙集團」的傾聽技巧，確實有值得學習之處。舉例來說，當我們向業績第一的超級業務員詢問跑業務的祕訣時，對方劈頭便說：「我前陣子搬家了呢！」

此時，我們必須從「搬家」找出靈感；發揮你的想像力思考，說不定這是因為對方很講究風水，依照風水來決定住處；也可能以風水來決定該向誰開發業務；也可能是藉由搬家，與鄰居建立人脈，增加自己的客戶。

無論如何，**一開始說出口的事情，很可能與個人的內心深處有關，隱藏某些重要的關鍵字。**此時，能否立刻跟上話題回答：「喔，搬家啊！怎麼又搬了呢？」將決定你是否能主導對談的局面。

仔細聽，關鍵字都在「開場白」裡

交談就像爵士樂的即興對奏

即興對奏的成功祕訣

從對方說的話中尋找關鍵字，以延續話題。

我之前搬家了！
又搬家啦？
他很講究風水嗎？
工作運也靠風水？
常搬家以拓展人脈？
所以業績才會好？

注意！對方的「開頭」，通常透露最多訊息。

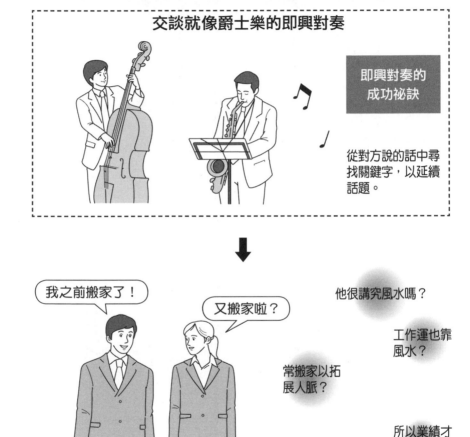

技巧 05

「平常心」看待，越急越問不到

別對想問的事情耿耿於懷，請保持「若無其事」的心態。

無論什麼事，並非只要「拚命做」就會順利。舉例來說，構思一個工作企劃，即使力求「一定要在明天之前想出來」，在案前抓頭苦思，也不會有任何點子出現；反之，在街上散步放空，或因品嚐美食而感到幸福，內心充滿喜悅的時候，更容易靈光乍現。

與人見面對談時也是如此。當你做好萬全準備，心想「今天一定要問到這件事」，一心苦等發問時機，話題反而會越偏越遠，或是無意間改變談話氣氛，導致很難問出口。總而言之，「全副武裝的備戰狀態」效果並不突出，然而，這也不代表只能坐著發呆。**最佳狀態是心中明白自己的目的，抱持平常心應對，採取「若無其事的備戰狀態」。**

英文有個單字叫作「serendipity」，當科學家從失敗中獲得重大發現時，經常使用這個名詞，我們也可以將之翻譯成「偶然的幸運」。然而，「偶然的幸運」並不會降臨在毫無準備的人身上；就像無意尋找帽子的人，即使帽子掉在眼前也會渾然不覺。

正因為心裡想著「我要找帽子」，帽子才會偶然地在眼前緩緩飄落，這就是我所說的「若無其事的備戰狀態」。

你可以鍥而不捨，把「今天想問這件事」的想法放在心裡，若無機會詢問也無妨，但假如一有機會發問，就得好好把握。因此，最重要的就是保持「若無其事」的心態，相信機會總有一天會來臨。

山不轉路轉，「隨機應變」很重要

與人溝通時，情況不會總是按照教科書走。隨著對方身體狀況或心情的改變，某些事情對方昨天可能願意回答，今天卻不想說。甚至可能發生突發狀況，原本準備了扎實的一小時談話內容，對方卻遲到五十分鐘，導致只剩下十分鐘可以發問。

此時，**你需要的是「隨機應變」的能力，依照當下的狀況靈活應對。**不妨想著：「既然如此，就這麼做吧！」、「改問這題，不問那題了。」隨時要有心理準備與應對技巧，無論發生什麼事，都能化危機為轉機。

想學會這招，只能靠著經常與人見面來累積經驗。不斷練習之下，總有一天會發現自己已懂得「隨機應變」，此時才能親身體會發問的有趣之處。

不刻意追求答案，更容易問到結果

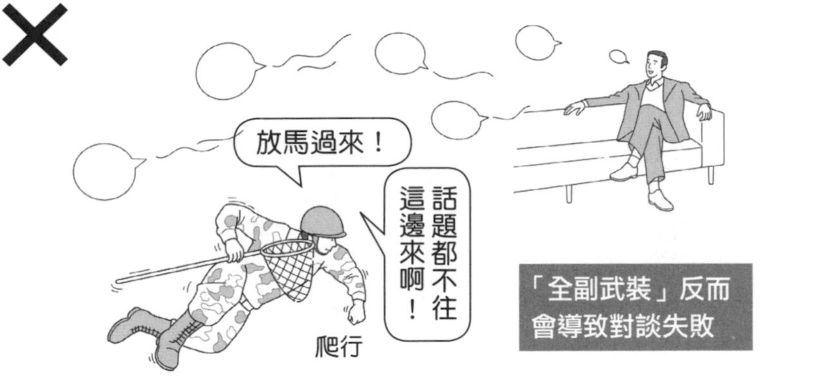
✕
放馬過來！
話題都不往這邊來啊！
爬行
「全副武裝」反而會導致對談失敗

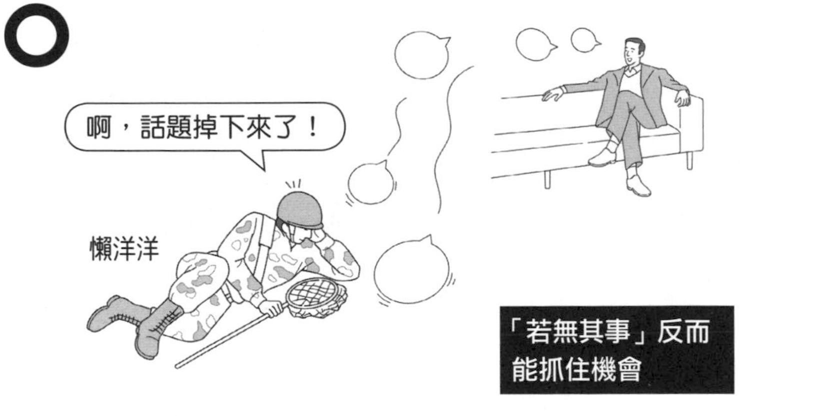
○
啊，話題掉下來了！
懶洋洋
「若無其事」反而能抓住機會

➡ 沒有準備的人，永遠不會遇見機會。

技巧 06

暗示的技巧，怎麼說最好？

給對方足夠提示，談話便會按照你的劇本走，輕鬆得到想要的答案。

我很喜歡迪士尼的電影，因為鋪陳伏筆的方式很高明。所謂的「伏筆」，就是為了後續發展所佈下的局。

迪士尼電影對於何時該埋下伏筆、何時該揭曉謎底的掌握非常精準，有專屬於迪士尼的一法則。因此，我認為對談時，也能依照迪士尼的法則進行。

你可以先讓對方感到不安，營造「一直聊些無關緊要的事情好嗎？」的氣氛，事實上，你已經在閒聊中埋下許多伏筆，結尾時便可以盡情揭開之前的伏筆。

適時埋伏筆，吊一下對方的胃口

「喔喔，原來剛才說的和這個有關啊！」
「咦，你剛才說的是為了這個喔？」

每次揭曉謎底時，暢快與感動便會隨之而來。

如果能藉由發問，讓對話充滿娛樂效果的時光，不是很令人高興嗎？

因此，為了開發更多「伏筆」，我們得先吸收各種類型的知識。

當你很想詢問某件事時，卻因為與現在的話題毫無關聯，導致很難問出口。假如對方此時能說出關鍵字，事情就好辦許多。此時，有個技巧可以讓對方主動說出關鍵字。

不斷丟出暗示，讓對方說出你心中的「關鍵字」

我年輕時只是一個「菜鳥編劇」，就算參加了節目企劃會議，卻沒有任何決定權。無論我有多棒的點子，根本不會有人聽我這個小角色說話，讓我非常不甘心。

我當時的應對方式，就是讓製作人不自覺地說出我的想法，讓他誤以為是自己想到的，最後脫口說出我的點子。這個方法有點類似在猜謎節目中提示：「堅硬無比」、「閃閃發亮」、「寶石」之後，任何人都能猜到答案是「鑽石」。

以足球來比喻，就像我反覆把球傳到製作人面前，他只要輕輕一踢，就能射門得分。

即使對方一直沒發現，也要不斷暗示；當他終於說出自己心中的想法，就要迅速幫腔：「這點子真有意思，不愧是製作人！」

為了問出想知道的事情，只能靠自己不斷傳出好球，透過「發問」讓對方說出關鍵字。當對方並未順著你的意思說出口時，絕對不是他的問題，而是你的球傳得不夠精準。

會說話的人，都不會「直接問」

◎ **不斷閒聊、預埋伏筆，讓對方覺得：「有必要講這些嗎？」**

➡ **說話像傳接球，「你丟我接」才能讓對方盡興。**

技巧 07

假裝不在乎，會讓對方越想說

想讓對方主動坦白，必須先釋出「我了解你」的善意，讓他侃侃而談。

當眼前出現一個裝滿寶物的潘朵拉寶盒，你一定會很想打開來看看，對吧？假如不必自己撬開，而是由對方說出：「來，請打開。」同時還幫我們打開，那有多麼輕鬆呢？

我認為「好問題」就像這樣，不需要強硬的手段，對方就會主動坦白；雖然措詞有點難以入耳，卻能讓對方自白。

據說，犯罪心理學中有「囚徒困境」的理論。如果同時逮捕兩名同夥的嫌犯，分別安置於不同房間偵訊，再欺騙他們：「你的同伴已經認罪了，你也坦白招出來，比較輕鬆啦！」換句話說，不怒斥嫌犯：「是你幹的吧！」而是採取心理戰，讓他說出「是我幹的」。

「心理戰」有許多手法，例如訴諸情感：「你的媽媽會很難過喔！」或是不經意流露個人的共鳴，讓犯人落淚：「我了解，很痛苦對吧？」無論如何，想使用這些招數，都必須先熟知人類的心理。

然而，我們既不是刑警，訪談對象當然也不是嫌犯；不過，為了讓他們侃侃而談，同樣必須進行某種程度的心理戰。

或許大家對「心理戰」的印象是充滿算計、狡詐或機智，事實上，談判技巧就是這麼一回事。例如，談到失敗的經驗或醜聞，就要表現出自己也站在對方那邊，讓他的戒心鬆懈：「我認為這沒什麼，真不懂社會大眾為什麼要大力抨擊。」或是故意不問最想提的問題，讓對方感到疑惑：「咦？不問這點嗎？別人都很想問喔！」

為了讓對方主動坦白，重點便在於先動搖他的心。

你越「不在乎」，他越想說

某一次，我明明無意打心理戰，但是對方卻一直說：「問我嘛！問我嘛！」這是我和某位剛傳出失戀新聞的女演員對談的經過。

然而，因為我不是娛樂記者，對於她失戀的過程沒什麼興趣，所以一談到那個話題，我就不自覺擺出「不在乎的態度」，於是她拚命地改變話題：「我們可以回到高中時期的話題嗎？」

「咦？你也聽一下嘛～」

「不，我想這話題已經夠了。」

最後，我雖然面帶笑容，卻還是明白地拒絕她；令人出乎意料的是，當你越「不想聽」，對方就越想說。於是我發現，「不在乎的態度」效果十分強大。

當你越逃避，對方就越想追上來強迫你聽他說。

假裝不在乎，是套話的技巧

好問題

具有讓對方主動坦白的心理壓力

↓

卸下他的心防

我們是同一國的啦
咦！？
……對吧？
我可不聽喔！

和對方站在同一邊

透過出乎意料的問題，讓對方鬆懈

故意擺出「不在乎的態度」

警戒感歸零
要說說看嗎？

➡ 當你的話題偏離時，對方反而會想拉回來。

技巧 08

活用「吊橋理論」，讓他說更多

想向主管或崇拜的前輩請教時，不妨邀請他們一起用餐。

在我之前的著作《社長的肚量》中，收錄了我和年輕企業家們的訪談。這本談話集是我訪問年輕有為的企業家，與他們一起大啖美食，滿足口腹之欲，同時也推心置腹地一本交談筆記。這個經驗讓我了解，與別人一起共進美食，的確會有和對方交心的感覺。

各位是否聽過「吊橋理論」呢？

當男女一同走過搖晃的吊橋，很容易墜入愛河；因為人類的認知功能，會誤把緊張時的心跳加速，當成戀愛時的心跳加速。**享用美食的時候，可能也會產生這種錯覺。**

吃到美食的幸福感，會與「和他在一起真幸福」的感覺混淆，進而對那個人產生好感，想要「討他歡心」、「告訴他一些祕密」，於是吐露平常不會說出的事情。

想向主管或崇拜的前輩請教問題時，不要在會議室或咖啡廳，請邀請他們一起用餐吧！即使主管在公司裡相當冷漠，也可能會因此展露笑容喔！

到講究的餐廳用餐，拉近彼此距離

想邀請地位較高的人用餐，重點在於選擇一間好餐廳。所謂的「好餐廳」，並不是指收費昂貴的店，而是對口味有所堅持、貫徹一流服務、擁有眾多專業廚師，或是對食材料理具備專業知識等，不單是價格昂貴，而是能夠讓人感到愉快、舒適，最重要的是餐點美味。在這樣的餐廳裡和員工說話，是讓氣氛更熱烈的訣竅。

「你們使用什麼樣的食材呢？」
「這道菜適合搭配哪一瓶酒呢？」

此時也能盡情發揮提問的力量，不需要「不懂裝懂」，請直接請教店裡的服務生吧！因為你的問題，也可能成為談話的題材。

或許有人聽到應酬會倍感壓力，但是，請相信自己選擇的餐廳，以及料理的力量吧！有趣的是，介紹好餐廳的人，看起來會比較厲害；雖然只是選了一家店，卻能輕易取得優勢。

如果你有許多好餐廳的口袋名單，即使工作能力只有中上水準，也會讓主管留下印象，甚至可能入選他的偏愛名單，認為「可以再找你出來吃飯。」

「知道好餐廳」可以成為你的賣點，因此，平時請努力收集資訊，以備不時之需吧！

「美食」，炒熱氣氛的最佳話題

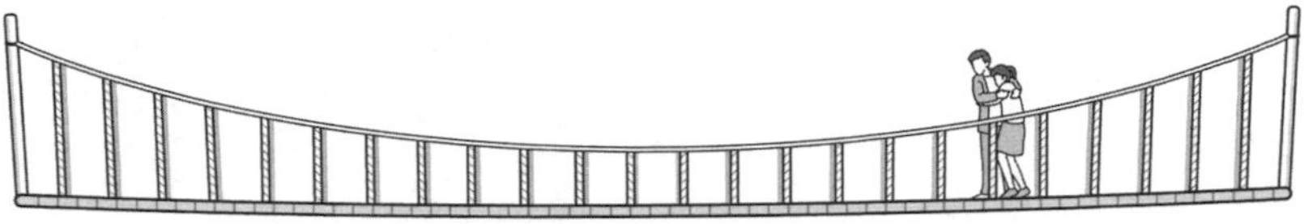

【吊橋理論】

男女因為緊張而心跳加速，卻誤以為是愛情的心跳加速。

享用美食的時候，會發生類似「吊橋理論」的情感

和這個人在一起真幸福

想討他歡心

告訴他一些祕密

➡ 選一間「好餐廳」，營造讓對方「想說」的情境。

技巧 09

仔細觀察，找出對方的「特殊色」

培養觀察力，首先必須喜歡與人接觸，相信對方身上藏有未現的光芒。

在占卜師與客人之間，有時會聽到以下對話：

「你的個性相當獨立自主，適合自己當老闆。」

「咦，真的嗎？太好了！」

或許每個人都喜歡別人發現自己未曾注意到的才華；換言之，就是希望自己受到賞識。讓對方覺得「跟你講話真幸福」的祕訣，就是在談話中滿足這種願望，激發個人的其他魅力。然而，你並不是占卜師，也不是真正的節目製作人，突然說「你很適合做〇〇」只會讓人感到莫名其妙。我們可以透過發問的過程，讓對方主動發掘自己的才華，而不是由我們來評斷。例如：

Q：「為什麼妳很會用電器產品呢？看說明書就會了嗎？」

A：「咦？沒什麼啦！我本來就比較懂電器。」

Q：「如果把說明書和家電換成食譜和食材，妳絕對能做出一桌好菜。」

A：「哎呀～我沒下過廚呢！但是，或許可以試試看。」

接著，她便去買了食譜和食材，走進廚房後就烹調出完美佳餚，絲毫看不出是第一次下廚；其實，這是我太太的故事。**當人們回答問題而暫時放鬆，最後發現「原來我有這種能力」的瞬間，他本人會又驚又喜，發問的那一方也會很開心。**

激發他人魅力的發問術，基本功在於「觀察」。我一向認為，每個人的內在都有各種顏料，在這些顏料中，有哪些是蓋子還沒打開，尚未使用過的顏色呢？

每個人身上，都有隱藏的「色彩」

雖然我們不一定了解自己，但是想要了解別人卻很容易。

「你心中的紅色還是全新的呢！」

「不，我才沒有紅色，那不是我的顏色。」

此時，請拿出來給對方看，對他說：「看吧！不是有嗎？」這就是透過發問，激發他人才華的極致。**為了培養觀察力，首先要喜歡與人接觸、對人抱持興趣**，接著相信那個人身上一定還有尚未開封的新顏料。從這裡出發，養成觀察別人的習慣，一定可以看出某些端倪。

「讚美」要大器，激發他想挑戰的心

「發問」隱藏的力量

能激發對方尚未被發掘的才華

↓ 也就是

催生力

必備技能

對他人抱持興趣
喜歡對方
相信他人具有嶄新的才華

➡ 激發對方的魅力，他就會覺得「和你見面真開心」。

技巧 10

運用發問術，讓人對你印象深刻

交換名片後，怎麼做能被「記住」？

無論是你所崇拜的前輩、尊敬的主管，或是只在電視報紙上看過的名人；即使你只是一般上班族，只要起心動念，一定可以見到想見的人。

在統計學的「Small world＝小世界」理論中，只要透過十一個人牽線，便可以見到想見的人。

舉例來說，你很崇拜甲先生，但是按照平常的狀況，你根本見不到他。於是，為了見到甲先生，第一步就是要走到街上，向陌生人詢問：「請問你認識甲先生嗎？如果你不認識，請介紹可能認識他的人給我好嗎？」

此時，如果有人回答：「雖然我不認識，但是我的同學在出版社工作，他可能認識。」接著，你再去找那位同學，問他相同的問題。

理論上只要重複對十一個人做相同的事，最後就能見到甲先生。是不是有勇氣許多？你說不定還能和美國總統見面呢！

人與人的邂逅，摻雜運氣和機會；每一次的相遇，都可能實現你的夢想，也有機會打開新的一扇門。雖然我們也可以透過網路和許多人接觸，但是，基本上還是要直接面對面。

每年的年初，我都會召開「個人會議」，並且訂定目標，例如「今年要和那個人見面」。決定之後就只剩下執行，我會以見到那個人為目標，一整年都充滿活力，並且奮鬥不懈。

現在，請你立刻寫下「見面清單」吧！

第二次相遇，才能真正建立人脈

如果你是上班族，從進公司開始，想必已經和許多人交換過名片，但是，如果只是單純的「灑名片」，將會直接被人遺忘。

人與人的相遇，從第二次開始才是來真的，因此，絕對不要滿足於一次的交流：「我和某某公司的人單獨喝酒，學到很多呢！」請運用先前學到的發問術，讓人對你留下深刻印象。你還年輕，或許無法在別人心中留下深刻的記憶；但是，留下「絆腳石」般的記憶也無妨。這種石頭給人小小的刺激，也會讓人很難遺忘。

「這麼說來，上次遇到的年輕人叫什麼名字？」

對方可能因為某種機緣想找出名片，也或許會邀你參加他們下次的會議。請運用發問的力量，開創「下一次見面的機會」吧！

創造「再見面」的機會，更重要！

◎ 透過「交換名片」，拓展人脈！

×

絕對不要滿足於「一次的相遇」

○

人與人的相遇，從第二次開始才是來真的！

➡ 說話時，請努力在對方的記憶中，留下深刻印象吧！

Column 4

經常反問自己，訓練「發問力」

「哇啊！好久不見，你過得怎麼樣？」

有時候會在街上被人叫住，但卻怎樣都想不起對方是誰。對方越親切，你越難開口詢問：「您是哪位？」於是在「啊啊，您好……」之後啞口無言。

你是否曾有過這種尷尬的經驗呢？這種時候，發問的能力更顯得非常重要。你應該提出什麼問題，才能從記憶深處想起他，從中找出「他是誰」呢？

既然對方說「好久不見」，這一、二個月來大概都沒見面。從打扮來看，對方也許是同行，難道真的和工作有關嗎？

什麼樣的問題才能在有限的訊息中，獲得較多的提示，又不失禮貌呢？**請從各方面推敲有效的問題吧！**我經常會這樣問對方：「最近在忙哪個案子呢？」

接著對方回答：「我正在忙〇〇，有夠累的。」最後，我終於想起他的身分。

練習猜陌生人的「職業」，提升發問力

平常的上班日，看到有人大白天在公園裡悠哉地看書，不禁會想：「他是做什麼工作的呢？」

他看起來不像一般的上班族，難道從事自由業嗎？還是在電視圈工作？廣告人？只要開始思考，各種幻想便會沒完沒了。

我也曾經在人群中，看見有人的眼神非常銳利，想像他可能是便衣刑警而緊盯對方，並仔細觀察。

或許我的好奇心比較重，很想知道真相；但是，我絕對不可能真的當面詢問對方的職業。假如不透過發問，只用閒聊便猜中他的職業，一定非常有趣。

當我這樣想時，腦中突然浮現「猜職業遊戲」的點子。就像偵探一樣，透過發問獲得提示，再加以推理，而不是直接詢問對方。問題以三題為限，只要能善用發問的力量，再讓那個人親口說出他的職業就贏了。

「然後呢？」或「之後怎麼了？」這種回答不算在問題裡。

透過遊戲的訓練，可以讓你以極少的問題，獲得許多訊息。在這場遊戲中，必須先決定誰來當練習對象，也就是「被猜職業的人」。

我們可以請朋友的朋友，或是只打過照面，但是不清楚對方私生活的人幫忙；如此一來，便能大幅提升發問能力。

Easy to Learn
Easy 輕鬆學 輕鬆學系列021

聊不停的聰明問話術

掌握問話技巧，不用找話題，90%的話都讓對方說
[図解]相手に9割しゃべらせる質問術

原　　著	越智真人
譯　　者	賴祈昌
總 編 輯	吳翠萍
主　　編	陳永芬
責任編輯	姜又寧
封面設計	巫麗雪
插圖繪製	莊欽吉
內文排版	菩薩蠻數位文化有限公司

出版發行	采實出版集團
總 經 理	鄭明禮
業務部長	張純鐘
企劃業務	簡怡芳・賴思蘋・張世明
法律顧問	第一國際法律事務所　余淑杏律師
電子信箱	acme@acmebook.com.tw
采實官網	http://www.acmestore.com.tw/
采實文化粉絲團	http://www.facebook.com/acmebook

I S B N	978-986-5683-02-3
定　　價	260元
初版一刷	2014年6月12日
劃撥帳號	50148859
劃撥戶名	采實文化事業有限公司 100台北市中正區南昌路二段81號8樓 電話：02-2397-7908 傳真：02-2397-7997

國家圖書館出版品預行編目資料

聊不停的聰明問話術：掌握問話技巧，不用找話題，90%的話都讓對方說
越智真人原作；賴祈昌譯. - - 初版. - - 臺北市：采實文化, 民103.06
面；　公分. --（輕鬆學系列；21）譯自：[図解]相手に9割しゃべらせる質問術
ISBN　978-986-5683-02-3（平裝）

1.職場成功法　2.說話藝術

494.35　　103004909

采實出版集團
ACME PUBLISHING GROUP

廣告回信
台北郵局登記證
台北廣字第03720號
免貼郵票

采實文化 ACME PUBLISHING 采實文化事業有限公司

100台北市中正區南昌路二段81號8樓

采實文化讀者服務部　收

讀者服務專線：(02) 2397-7908

超圖解

40個開場・接話・打破心防的問話技巧

聊不停的聰明問話術

【図解】相手に9割しゃべらせる質問術

越智真人◎著　**賴祈昌**◎譯

Easy 輕鬆學 系列專用回函

系列：輕鬆學021
書名：聊不停的聰明問話術

讀者資料（本資料只供出版社內部建檔及寄送必要書訊使用）：

1. 姓名：
2. 性別：□男　□女
3. 出生年月日：民國　　年　　月　　日（年齡：　　歲）
4. 教育程度：□大學以上　□大學　□專科　□高中（職）　□國中　□國小以下（含國小）
5. 聯絡地址：
6. 聯絡電話：
7. 電子郵件信箱：
8. 是否願意收到出版物相關資料：□願意　□不願意

購書資訊：

1. 您在哪裡購買本書？□金石堂（含金石堂網路書店）　□誠品　□何嘉仁　□博客來
□墊腳石　□其他：______________（請寫書店名稱）
2. 購買本書的日期是？____年____月____日
3. 您從哪裡得到這本書的相關訊息？□報紙廣告　□雜誌　□電視　□廣播　□親朋好友告知
□逛書店看到　□別人送的　□網路上看到
4. 什麼原因讓你購買本書？□對主題感興趣　□被書名吸引才買的　□封面吸引人
□內容好，想買回去試看看　□其他：____________________（請寫原因）
5. 看過書以後，您覺得本書的內容：□很好　□普通　□差強人意　□應再加強　□不夠充實
6. 對這本書的整體包裝設計，您覺得：□都很好　□封面吸引人，但內頁編排有待加強
□封面不夠吸引人，內頁編排很棒　□封面和內頁編排都有待加強　□封面和內頁編排都很差

寫下您對本書及出版社的建議：

1. 您最喜歡本書的特點：□實用簡單　□包裝設計　□內容充實
2. 您最喜歡本書中的哪一個章節？原因是？
3. 本書帶給您什麼不同的觀念和幫助？
4. 人際溝通、成功勵志、説話技巧、投資理財等，您希望我們出版哪一類型的商業書籍？